ちくま学芸文庫

重力と力学的世界 下

古典としての古典力学

山本義隆

筑摩書房

もくじ

【上巻もくじ】

重力と力学的世界（下）

古典としての古典力学

第10章　地球の形状と運動

I　地球の歳差運動

第7章で，地球が慣性座標系にたいして回転（自転）しているために，完全な球ではなく，赤道方向にふくらんだ偏平な回転楕円体の形をしていることを述べた．じつはそのために，地球は単なる自転と公転以外の運動を行なっていることが知られている．

そのひとつとして，分点の歳差運動と呼ばれるものがある．これは，天の春分点（秋分点）方向が，わずかずつであるが年とともに移動していることを指す．

天空の恒星や惑星の位置を記述するために，通常，地球を中心とした半径無限大の球——天球——に射影して考える．そして，地球の中心を通り自転軸に垂直な面を赤道面，また，地球から見た太陽の軌道面を黄道面という．これらの面が天球と交わる線が，それぞれ天の赤道と黄道であり，この赤道と黄道の交点が春分点と秋分点である．

歳差運動つまりこの分点がゆっくり移動している事実は，古代から知られていた．

すでにアレクサンドリアにおいて，かなり精密な天体観測が行なわれていた．紀元前130年頃にヒッパルコスは，それより約160年前に行なわれたチモカリスの観測結果と較べて，恒星相互の配置は不変にもかかわらず乙女座のスピカが黄道に沿って約2°東に移動していることを発見した．このヒッパルコスの発見は西暦140年頃のプトレマイオスの『アルマゲスト（第7巻)』に書かれているのだが，プトレマイオス自身も自らの観測を加えて同じ結論に達している．もちろん天動説を採るプトレマイオスの表現では「恒星天が東向きの回転をする」と不動な地球を中心に書かれてはいるけれども．そして彼は，獅子座の心臓（一等星レグルス）の位置の移動（表10-1）より，回転の角速度を1°/100年＝36″/年とし，恒星が黄道にたいして南北には移動しないことよりこの回転は黄道面に垂直な軸のまわりの回転であると結論づけた(1)．

その後の観測値はコペルニクスの『天体の回転について』に与えられているので『アルマゲスト』にある数値もあわせて表10-1に与えておこう．

地動説を採るコペルニクスは，プトレマイオス以来の歳差運動の捉え方について「もしも誰かがそれ〔恒星天〕も何らかの方法で動くと考えるならば，われわれは反対である」として，歳差運動を地球に帰した．じっさい彼の表現では，恒星天にたいして「分点〔春分点と秋分点〕と至点〔太陽が赤道面から最も離れる点；夏至点と冬至点〕が移動する」とされている．このように分点の移動——赤道面の回転——と看做せば，移動の方向は西向きである(2)．

この事実が中世を通じて関心を持たれ続けた背景には，

世界は何年かすると始めに戻るというプラトンやアリストテレスも語った永久回帰説や，あるいはキリスト教の終末論と結びつけられたということがあった．歳差運動は様々に神秘的・宗教的に意味づけられてきたのである．例のティコ・ブラーエも永久回帰説の信者で，自らの精密な観測にもとづいて分点の移動の周期を25816年，回転角速度を年間50″.201とかなり正確に求めている．

今世紀（20世紀）に入ってニューカムが求めた角速度の値は，tを1900年からの年数にとり，年間，

$$50''.2564+0''.000223\,t$$

であり，1976年の『理科年表』の値（50″.2733）もこれに合っている．約26000年で1回転することになる．

この春分点の移動は，図10-1からも明らかなように，地球の自転軸が首ふり運動をするということでもある．し

表10-1　春分点から見た恒星の移動

（プトレマイオス『アルマゲスト（第7巻）』，コペルニクス『天球の回転について（第3巻）』より）

恒星名 ＼ 観測者(年代)	スピカ(乙女座)		さそり座の β		レグルス(獅子座)	
	赤経	赤緯	赤経	赤緯	赤経	赤緯
チモカリス (B.C. 293)	$172\frac{1}{2}°$	$1\frac{2}{5}°$	212°	$1\frac{1}{3}°$		$21\frac{1}{3}°$
ヒッパルコス (B.C. 127)	$174\frac{1}{3}°$	$\frac{3}{5}°$			$119\frac{5}{6}°$	$20\frac{2}{3}°$
メネラウス (A.D. 98)	$176\frac{1}{4}°$		$215\frac{11}{12}°$			
プトレマイオス (A.D. 138)	$176\frac{1}{2}°$	$\frac{1}{2}°$	$216\frac{1}{3}°$		$122\frac{1}{2}°$	$19\frac{5}{6}°$
アル＝バッタニ (A.D.1529)			227°50′		134°5′	
A.D.1900	200°0′	−10°38′	240°0′	−19°32′	150°45′	12°27′

（A.D.1900の数値は，恒星社『現代天文学事典』より）

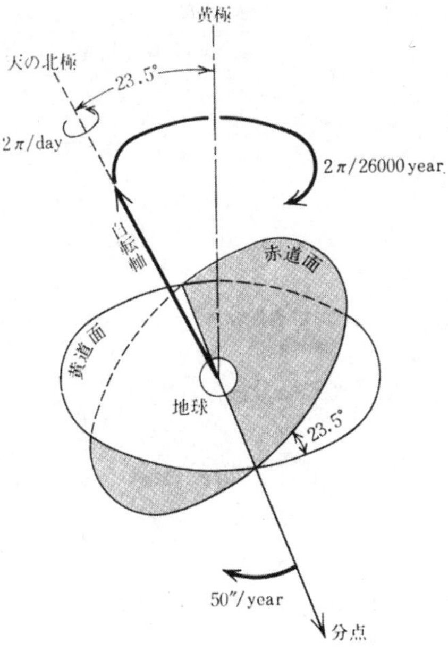

図 10-1　分点の歳差運動と自転軸の回転

たがって，現在北極星を指している自転軸は，13000 年後には，琴座の α 星（織女）を指すことになる（図 10-2）．

この現象を重力と地球の扁平性の結果としてはじめて説明したのは，ニュートンであった．

ニュートンの理論は『プリンキピア』第 1 篇・命題 66・定理 26・系 20，21，22，および第 3 篇・命題 21・定理 17

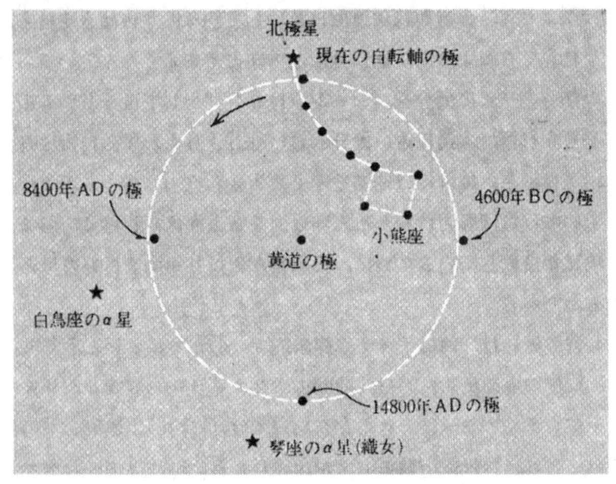

図10-2　自転軸の方向

にあり，第3篇・命題39・問題20では1年あたり50″00‴12⁗という値を得ている．なお，この値は一見したところ正しい値に近いけれども，地球の構成についての不正確な知識と月の質量についての誤った値とが相殺されてたまたまこういう値になったものである．ところでこのニュートンの計算は，彼が潮汐論で用いた方法，すなわち地球—海水—月（太陽）という三体問題を，球形の地球—赤道部分での地球のふくらみ—太陽（月）の三体に適用するもので，かいつまんで言うと次の通りである．

図10-3のように，赤道面は黄道面にたいして約23.5°

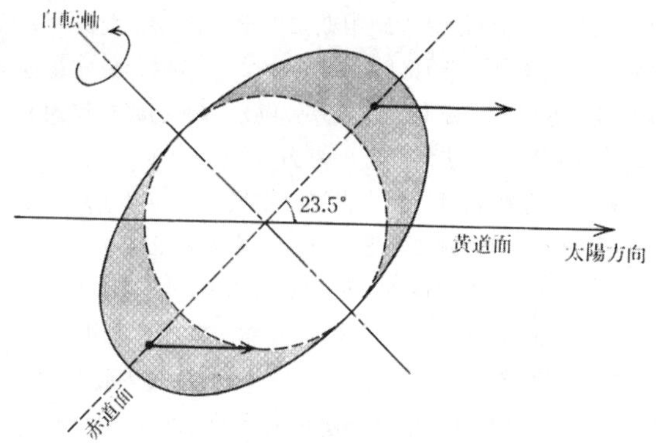

図 10-3　太陽による偶力

の傾きを持ち，しかも，すでに見てきたように，地球は赤道方向にややふくらんでいる．このふくらみの部分——この部分をニュートンはリングとして扱っているのだが——だけを考えれば，太陽に近い部分が遠い部分よりもわずかに大きな力で引かれる．その結果，地球には地軸を起こそうとする偶力が働く．ここで地球が自転していなければ偶力はもちろん赤道面を黄道面に一致させてしまうけれども，地球がコマのように自転しているために，自転軸が首振り運動を行なうであろう，というものである．

しかし彼の扱いは例によって幾何学的で，わかりにくい．そして，それを解析的な形のものにしたのは，前回のべたオイラーとダランベールであった．のみならずオイラーは，ここから極運動（緯度変化）の事実とその周期を予言した．これは18世紀中期に力学が達成した最大の成果の一つであり，それはまた，アルゴリズムの妙味を見せるものでもある．そして，歳差運動から一切の神秘的・宗教的意味がぬぐい去られたのであった．

実はこの手の話は，歴史書には結果だけが書かれ，かといって力学の教科書にもそれほどちゃんとは書かれていない．というのもこの現象は現在の力学書では剛体の力学の一つの例題にすぎず，歳差運動そのものに重点が置かれているわけではないからである．しかし本書は，重力の発見がどのように人間の世界理解を広げ変えていったのかをテーマにしているかぎり，この問題を避けては通れない．

というわけで，オイラーやダランベールによって仕上げられた重力による歳差運動の解明を――相当現代風にして――見てゆこうと思うが，そのためにはどうしても，剛体の回転についてのオイラー方程式とそれに関連したいくつかの道具立てに立ち入らざるを得ない．

そこで，さしあたっては，剛体の運動学から展開する．述べられる事項は，通常の力学の教科書には大抵扱われていることである．しかし，おおむね教科書の記述の仕方は数式の洪水で，読者は式を跡づけることはできても，その物理的な意味や必然性を見失いやすい．そこで，物理量の導入や変形の意味や意義をできるだけ明らかにするように心がけることにした．

II 角運動量の導入

大きさを持った地球の運動を論ずるのだから，もはや「質点」に話を限るわけにはゆかない．

ところでわたくしたちは，任意の物体にたいして，事実上「質点」と看做しうるその微小体積要素にニュートンの運動方程式が適用しうるものとほとんどアプリオリに前提しているけれども，じつはそのことをはじめて主張したのはオイラーであった．彼は1750年の『力学の新しい原理の発見』と題する論文で，連続体であれ離散的な系であれ，その無限小の部分（質量M）にたいして運動方程式——オイラーの表現では——

$$2Mddx = Pdt^2,$$
$$2Mddy = Qdt^2,$$
$$2Mddz = Rdt^2$$

（(P, Q, R)は力の成分，左辺の2は力の単位のとり方で決まる因子で，現在では通常1にとる）

が成り立つことを指摘した．もっとも論文の標題にもかかわらず，「オイラーはその方程式が新しいものだとは主張しなかった」けれども(3)．そもそも「無限に小さい，いいかえれば事実上点とみなしてよい物体」つまり「質点」を明示的に語ったのも，オイラーがはじめてであった(4)．

そこで，はじめに，質量がそれぞれm_ν $(\nu=1, 2, \cdots)$の質点の集まりを考えてみよう．ν番目の質点に働く外力を

$\boldsymbol{F}_\nu$，またν番目の質点にμ番目の質点が及ぼす力（内力）を$\boldsymbol{G}_{\nu\mu}$とすると，質点m_νにたいする運動方程式は，

$$m_\nu \frac{d^2\boldsymbol{r}_\nu}{dt^2} = \boldsymbol{F}_\nu + \sum_{\mu\neq\nu} \boldsymbol{G}_{\nu\mu} \tag{10-1}$$

と表わされる．

いま関心を持っているのは，質点系全体としての運動であるから，これをすべての質点について加え合わせると，

$$\sum_\nu m_\nu \frac{d^2\boldsymbol{r}_\nu}{dt^2} = \sum_\nu \boldsymbol{F}_\nu + \sum_{\nu,\mu\neq\nu} \boldsymbol{G}_{\nu\mu}$$

となる．しかるに，内力にたいして作用・反作用の法則：

$$\boldsymbol{G}_{\nu\mu} = -\boldsymbol{G}_{\mu\nu} \tag{10-2}$$

がなりたつので，右辺の第2項は和をとると消えてしまう．つまり全運動量は，外力のみで決定される．とくに，外力がなければ全運動量は保存される．これは次のように言いかえてもよい．系の重心（質量中心）$\boldsymbol{r}_\mathrm{G}$は，

$$\left(\sum_\nu m_\nu\right)\boldsymbol{r}_\mathrm{G} = \sum_\nu m_\nu \boldsymbol{r}_\nu$$

で定義されるから，方程式：

$$\left(\sum_\nu m_\nu\right)\frac{d^2\boldsymbol{r}_\mathrm{G}}{dt^2} = \sum_\nu \boldsymbol{F}_\nu \tag{10-3}$$

をみたす．つまり，質点系の重心は全質量が重心に集中した場合の質点と同じ振舞いをする．これを重心運動といおう．したがって，たとえば人工衛星が激しくガス・ジェットを噴射して軌道を大きく変えたとしても，ガス分子を含めた全体の重心は，それまで通りの軌道を進むことにな

る．あるいは，地球のような大きな物体を考えるときにも，その重心の移動だけを考えるときには質点として扱ってよいことがわかる．もちろんこのことはニュートンも見出していたことである（『プリンキピア』第1篇「公理または運動の法則」系IV）．

しかし，せっかく多くの質点の系にまで話を広げたのに重心の運動だけに着目しても仕方がないから，運動量の他にいまひとつ別の物理量を導入しよう．その際のガイド・ラインは，全体として見た場合に内力 $\boldsymbol{G}_{\nu\mu}$ の効果が相殺されるような量ということである．というのも，多くの質点の系を考えるときに問題が複雑になるのは，性質が様々な内力が存在しているからである．また内力は質点相互の位置関係によって決まるが，それは通常は問題が解かれてはじめてわかるものである．ちなみに，全運動量を考えた場合に問題が簡単になったのは，作用・反作用の法則によって二重和 $\sum \boldsymbol{G}_{\nu\mu}$ の項が消えてしまったからであった．

そこで，さらに，$\boldsymbol{G}_{\nu\mu}$ が点 ν と μ を結ぶ方向を向いているとしよう．この条件は，通常の力ではみたされている．というのも，通常，内力は2点の相対的な位置 $(\boldsymbol{r}_\nu - \boldsymbol{r}_\mu)$ のみによって決まるベクトルであり，そのようなベクトルは必ず，

$$\boldsymbol{G}_{\nu\mu}(\boldsymbol{r}_\nu, \boldsymbol{r}_\mu) = \frac{(\boldsymbol{r}_\nu - \boldsymbol{r}_\mu)}{|\boldsymbol{r}_\nu - \boldsymbol{r}_\mu|} g_{\nu\mu}(|\boldsymbol{r}_\nu - \boldsymbol{r}_\mu|) \qquad (10\text{-}4)$$

の形をしているからである．このような力を中心力とい

う．つまり（10.4）は中心力を仮定したことになる．

このことを念頭において，

$$\boldsymbol{l}_\nu = m_\nu \boldsymbol{r}_\nu \times \boldsymbol{v}_\nu \qquad (10\text{-}5)$$

という物理量を導入し，これを，質点 m_ν の原点のまわりの**角運動量**と名付ける．もちろん，原点のまわりの質点系全体の全角運動量は，

$$\boldsymbol{L} = \sum_\nu \boldsymbol{l}_\nu$$

で定義される．

そこで，運動方程式を用いて角運動量のみたす方程式を導くと，

$$\frac{d\boldsymbol{l}_\nu}{dt} = m_\nu \boldsymbol{v}_\nu \times \boldsymbol{v}_\nu + m_\nu \boldsymbol{r}_\nu \times \frac{d\boldsymbol{v}_\nu}{dt}$$

$$= \boldsymbol{r}_\nu \times (\boldsymbol{F}_\nu + \sum_{\mu \neq \nu} \boldsymbol{G}_{\nu\mu}),$$

$$\frac{d\boldsymbol{L}}{dt} = \sum_\nu \boldsymbol{r}_\nu \times (\boldsymbol{F}_\nu + \sum_{\mu \neq \nu} \boldsymbol{G}_{\nu\mu})$$

$$= \sum_\nu \boldsymbol{r}_\nu \times \boldsymbol{F}_\nu + \sum_{\nu < \mu} (\boldsymbol{r}_\nu - \boldsymbol{r}_\mu) \times \boldsymbol{G}_{\nu\mu}$$

が得られる．ここで，内力の関係する部分は，$\boldsymbol{G}_{\nu\mu}$ に対する中心力の仮定（10-4）より，たしかに消えてしまい，

$$\frac{d\boldsymbol{L}}{dt} = \sum_\nu \boldsymbol{r}_\nu \times \boldsymbol{F}_\nu \equiv \sum_\nu \boldsymbol{N}_\nu \qquad (10\text{-}6)$$

（ただし $\boldsymbol{N}_\nu$ は原点のまわりの外力のモーメント）

となる．つまり，全角運動量は，内力によらず，求めていた物理量として適切である．

ここで，重心から見た（重心を原点とする）位置ベクト

ル：

$$\boldsymbol{r}_\nu' = \boldsymbol{r}_\nu - \boldsymbol{r}_G,$$

および重心から見た速度ベクトル；

$$\boldsymbol{v}_\nu' = \frac{d\boldsymbol{r}_\nu'}{dt} = \boldsymbol{v}_\nu - \boldsymbol{v}_G, \quad \left(\boldsymbol{v}_G = \frac{d\boldsymbol{r}_G}{dt}\right)$$

を導入しよう．重心の定義$(\boldsymbol{r}_G = \sum_\nu m_\nu \boldsymbol{r}_\nu / \sum_\nu m_\nu)$より$\boldsymbol{r}_\nu'$, $\boldsymbol{v}_\nu'$は,

$$\sum_\nu m_\nu \boldsymbol{r}_\nu' = \sum_\nu m_\nu \boldsymbol{r}_\nu - \sum_\nu m_\nu \boldsymbol{r}_G = 0, \qquad (10\text{-}7)$$

$$\sum_\nu m_\nu \boldsymbol{v}_\nu' = \sum_\nu m_\nu \boldsymbol{v}_\nu - \sum_\nu m_\nu \boldsymbol{v}_G = 0 \qquad (10\text{-}8)$$

をみたしている．

この重心のまわりのベクトルを用いて，原点のまわりの全角運動量（10-6）を書き直してみる．そうすれば,

$$\begin{aligned}\boldsymbol{L} &= \sum_\nu m_\nu \boldsymbol{r}_\nu \times \boldsymbol{v}_\nu = \sum_\nu m_\nu (\boldsymbol{r}_G + \boldsymbol{r}_\nu') \times (\boldsymbol{v}_G + \boldsymbol{v}_\nu') \\ &= (\sum_\nu m_\nu) \boldsymbol{r}_G \times \boldsymbol{v}_G + \underbrace{(\sum_\nu m_\nu \boldsymbol{r}_\nu')}_{0\ (10\text{-}7)} \times \boldsymbol{v}_G + \boldsymbol{r}_G \times \underbrace{(\sum_\nu m_\nu \boldsymbol{v}_\nu')}_{0\ (10\text{-}8)} + \sum_\nu m_\nu \boldsymbol{r}_\nu' \times \boldsymbol{v}_\nu' \\ &= \boldsymbol{L}_G + \boldsymbol{L}' \end{aligned} \qquad (10\text{-}9)$$

のようになり，ここに,

$\boldsymbol{L}_G = (\sum_\nu m_\nu) \boldsymbol{r}_G \times \boldsymbol{v}_G$: 原点のまわりの重心運動の角運動量,

$\boldsymbol{L}' = \sum_\nu m_\nu \boldsymbol{r}_\nu' \times \boldsymbol{v}_\nu'$: 重心のまわりの全角運動量

であり，角運動量は二つに分離されることがわかる．しかも重心運動の角運動量にたいしては,

$$\frac{d\boldsymbol{L}_G}{dt} = (\sum_\nu m_\nu)\boldsymbol{v}_G \times \boldsymbol{v}_G + (\sum_\nu m_\nu)\boldsymbol{r}_G \times \frac{d\boldsymbol{v}_G}{dt} = \boldsymbol{r}_G \times \sum_\nu \boldsymbol{F}_\nu$$

のように単一の質点の場合と同じ方程式がなりたつので，これを（10-6）式から引くと，

$$\frac{d}{dt}(\boldsymbol{L} - \boldsymbol{L}_G) = \sum_\nu (\boldsymbol{r}_\nu - \boldsymbol{r}_G) \times \boldsymbol{F}_\nu,$$

すなわち，重心のまわりの全角運動量は——重心の運動とは無関係に——

$$\frac{d\boldsymbol{L}'}{dt} = \sum_\nu \boldsymbol{r}_\nu' \times \boldsymbol{F}_\nu = \sum_\nu \boldsymbol{N}_\nu' \qquad (10\text{-}10)$$

という方程式に支配され，重心のまわりの外力のモーメント $\boldsymbol{N}_\nu'$ だけで決まることがわかる．

こうして，重心運動と重心のまわりの角運動量を考えるだけで，複雑な内力に足を掬われることなく比較的多くの情報を得ることができる．

もちろん，N 個の自由な質点の系は自由度が $3N$ であるから，重心とそのまわりの角運動量を決めるだけではまったく不充分である．しかし，「剛体」に話をかぎればこれで運動は完全に決められる．剛体というのは，どの二点間の距離も不変な質点系——あるいは連続体——を指す．ひらたく言えば，大きさと形が変わらない物体である．

その場合（10-3）式から重心の位置が決まり，（10-10）式から重心のまわりの回転——すなわち剛体の方向——が決まるから，剛体の運動は完全に決まるわけである．

実をいうと，上で証明した重心運動と重心まわりの回転運動の分離は，1749年にオイラーによってはじめて証明されたものである．すでに1754年には，ディードロが「もし物体に作用する力の量と方向が与えられ，それから生ずる運動を決定しようとするならば，あたかも力が重心を通っているかのように物体は前進し，かつこの重心は固定しているかのように物体は重心の周囲を回転し，力はあたかも支点の周囲に作用するかのように重心の周囲に作用することがわかる」[(5)]と語っているから，こういうオイラーの理論の一つ一つが相当の速さで大陸に知られていたと想像される．あるいはほとんど同時にダランベール達も同じ発見をしていたのかもしれない．

III　剛体の回転の記述

つぎに剛体の回転の記述の仕方を考えてみよう．前節で見たように剛体の重心のまわりの回転は重心自体の運動とはまったく無関係であるから，重心が静止しているものとして，空間に固定された座標系（慣性系）と剛体に固定された座標系（剛体系）が原点を重心に共有しているとする．このとき，剛体の方向は，剛体系の座標軸（$\boldsymbol{e}_1$，$\boldsymbol{e}_2$，$\boldsymbol{e}_3$を基底ベクトルとする）の方向が慣性系（$\boldsymbol{e}_1^0$，$\boldsymbol{e}_2^0$，$\boldsymbol{e}_3^0$）に対して定められれば，一義的に決まる．

そこで，剛体系がはじめは慣性系に一致していて，ある

$(\boldsymbol{e}_1, \boldsymbol{e}_2, \boldsymbol{e}_3)$——剛体系の基底ベクトル.
$(\boldsymbol{e}_1^0, \boldsymbol{e}_2^0, \boldsymbol{e}_3^0)$——慣性系の基底ベクトル.
節線は, $\boldsymbol{e}_3^0, \boldsymbol{e}_3$ の張る面に垂直.
回転軸の数字は回転の順番.

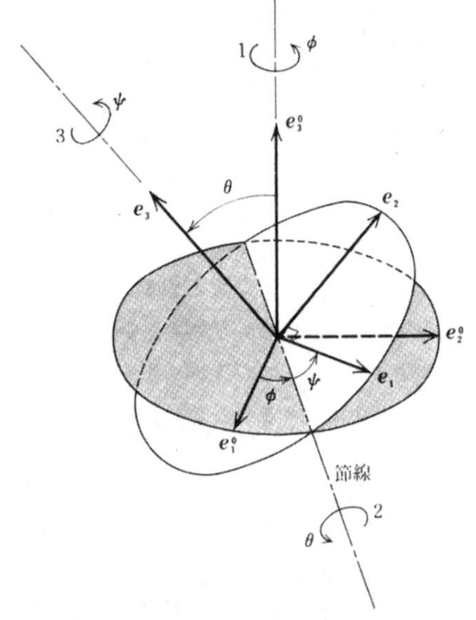

図 10-4 オイラー角

時間後に図 10-4 のような方向をとったとして, その方向を決定してみよう. まず, $\boldsymbol{e}_3^0$ のまわりに ϕ だけ回転させれば, $\boldsymbol{e}_1^0$ は節線に移る. 次いで節線のまわりに θ だけ回転させれば，$\boldsymbol{e}_3^0$ が $\boldsymbol{e}_3$ に一致するとしよう．あきらかに θ は一義的に決まる．また，節線は $\boldsymbol{e}_3$ と $\boldsymbol{e}_3^0$ の張る平面に垂直だから，ϕ も一義的に決まる．つぎに，$\boldsymbol{e}_3$ のまわりに ψ だけ回転させて，節線方向を向いていた $\boldsymbol{e}_1^0$ が $\boldsymbol{e}_1$ に一致するようにすれば，ψ も一義的に決まる．この三つの角 ϕ, θ, ψ を**オイラー角**といい，オイラーが1775年に導入したものである(6)．そして剛体の方向はこのオイラー角で一義的に記述される（オイラー角はこれと異なるとり方もあるから，注意が必要）．

ついでに言っておくと，このように空間に固定された座標系と剛体に固定された座標系の２種類の座標系を導入したのもやはりオイラーである．空間に存在論上の意味を持たせるかぎり，このような発想は困難である．少なくともニュートンにとっては，剛体とともに回転する座標系――したがって剛体とともに回転する空間――を空間系と対等に扱うという着想はむつかしい．オイラーは，前々章で見たように絶対空間と絶対座標系を慣性運動を記述する数学的手段と割り切ったのであり，だからこそ剛体に固定された座標系を同時に考えることができたと言えよう．

つぎに，剛体には瞬間的な回転軸があることを示し，回転の角速度ベクトルを導入しよう．ここでは，はじめから重心を原点にとっているので，以下では，第Ⅱ節で用いた重心から見た量を表わすダッシュをつけないことにする．

剛体において重心から点 ν までのベクトルを $\boldsymbol{r}_\nu$ とする

と，剛体の定義により，すべての ν にたいして，

$$(\boldsymbol{r}_\nu \cdot \boldsymbol{r}_\nu) = \text{時間的に不変}$$

でなければならない．そこで，これを時間微分すれば，

$$(\boldsymbol{r}_\nu \cdot \boldsymbol{v}_\nu) = 0, \quad \left(\boldsymbol{v}_\nu = \frac{d\boldsymbol{r}_\nu}{dt}\right)$$

がなりたつ．これは，剛体の重心から見たときにすべての点で位置ベクトルと速度ベクトルが直交しているということであるから，あるベクトル $\boldsymbol{\omega}_\nu$ を用いて，

$$\boldsymbol{v}_\nu = \boldsymbol{\omega}_\nu \times \boldsymbol{r}_\nu$$

と表現することができる．

同様に，任意の2点 ν と μ の距離も不変であるから，

$$((\boldsymbol{r}_\nu - \boldsymbol{r}_\mu) \cdot (\boldsymbol{r}_\nu - \boldsymbol{r}_\mu)) = (\boldsymbol{r}_\nu \cdot \boldsymbol{r}_\nu) - 2(\boldsymbol{r}_\nu \cdot \boldsymbol{r}_\mu) + (\boldsymbol{r}_\mu \cdot \boldsymbol{r}_\mu),$$

したがってまた，$(\boldsymbol{r}_\nu \cdot \boldsymbol{r}_\mu)$ も一定である．これを時間微分し，$\boldsymbol{v}$ に前式を用いて，

$$\begin{aligned}(\boldsymbol{r}_\nu \cdot \boldsymbol{v}_\mu) + (\boldsymbol{r}_\mu \cdot \boldsymbol{v}_\nu) &= (\boldsymbol{r}_\nu \cdot \boldsymbol{\omega}_\mu \times \boldsymbol{r}_\mu) + (\boldsymbol{r}_\mu \cdot \boldsymbol{\omega}_\nu \times \boldsymbol{r}_\nu) \\ &= (\boldsymbol{r}_\nu \times \boldsymbol{r}_\mu \cdot (\boldsymbol{\omega}_\nu - \boldsymbol{\omega}_\mu)) = 0\end{aligned}$$

が得られる．しかるに，ν, μ は任意であるから，

$$\boldsymbol{\omega}_\nu = \boldsymbol{\omega}_\mu = \boldsymbol{\omega}$$

でなければならず，この $\boldsymbol{\omega}$ はすべての ν にたいして共通であって，その $\boldsymbol{\omega}$ を用いて，速度は，

$$\boldsymbol{v}_\nu = \boldsymbol{\omega} \times \boldsymbol{r}_\nu, \tag{10-11}$$

のように表わされる．

このベクトル $\boldsymbol{\omega}$ の意味は次のように考えればわかる．

いま，$\boldsymbol{r} = c\boldsymbol{\omega}$（$c$ は長さ×時間の次元の任意のスカラー

量）となるすべての点にたいして，

$$\boldsymbol{v} = \boldsymbol{\omega} \times \boldsymbol{r} = 0$$

であるから，$c\boldsymbol{\omega}$ 上のすべての点は動かない．つまり瞬間的な回転軸があり，$c\boldsymbol{\omega}$ がその方向のベクトルである．

そこで，図 10-5 のように，$\boldsymbol{r}_\nu$ と $\boldsymbol{\omega}$ の角度を α，点 $\boldsymbol{r}_\nu$ から $\boldsymbol{\omega}$ に下した垂線の長さを ρ_ν とすれば，

$$v_\nu = |\boldsymbol{\omega} \times \boldsymbol{r}_\nu| = \omega r_\nu \sin\alpha = \omega\rho_\nu$$

であるから，$|\boldsymbol{\omega}| = v_\nu/\rho_\nu$ は回転角速度の大きさであることがわかる．

つまり，$\boldsymbol{\omega}$ は，大きさが回転角速度に等しく回転軸の方向を向いたベクトル（**角速度ベクトル**）である．（$\boldsymbol{\omega}$ がベクトルであるということは，数学的には証明を要することであるが，その点にはここでは立ち入らない．また，$\boldsymbol{\omega}$ の向きはどちらにとってもよいのだが，通例にならって，式（10-11）や図 10-5 のように右ネジの方向にとる．）

ちなみに，剛体の回転はオイラー角で完全に決められるから，角速度ベクトル $\boldsymbol{\omega}$ もオイラー角の時間変化率で表わせるはずである．そこでこの関係を与えておこう．

角度 ϕ の回転は $\boldsymbol{e}_3^0$ 方向，ψ は瞬間的には $\boldsymbol{e}_3$ 方向，θ は瞬間的には節線方向（単位ベクトル；$\cos\psi\,\boldsymbol{e}_1 - \sin\psi\,\boldsymbol{e}_2$）の回転であるから，

$$\boldsymbol{\omega} = \dot{\phi}\boldsymbol{e}_3^0 + \dot{\psi}\boldsymbol{e}_3 + \dot{\theta}(\cos\psi\,\boldsymbol{e}_1 - \sin\psi\,\boldsymbol{e}_2)$$

である．他方，

$$\boldsymbol{e}_3^0 = \sin\theta\sin\psi\,\boldsymbol{e}_1 + \sin\theta\cos\psi\,\boldsymbol{e}_2 + \cos\theta\,\boldsymbol{e}_3,$$

であるからこれを用いて $\boldsymbol{\omega}$ についての上式を書きなおし，

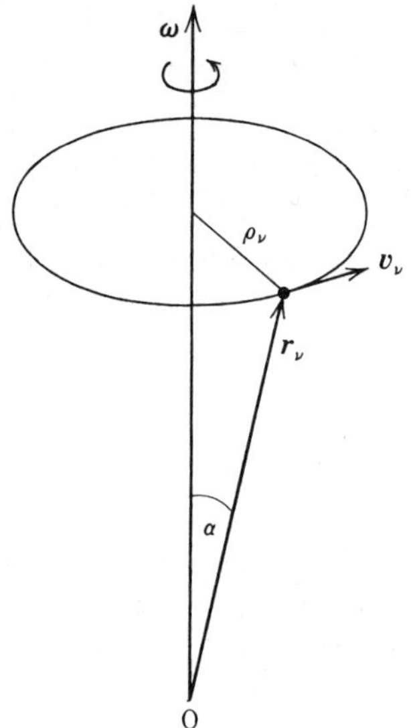

図 10-5　角速度ベクトル

$\boldsymbol{\omega}=\omega_1\boldsymbol{e}_1+\omega_2\boldsymbol{e}_2+\omega_3\boldsymbol{e}_3$ とおいて，各成分を較べ，

$$\begin{aligned}\omega_1 &= \dot{\phi}\sin\theta\sin\psi+\dot{\theta}\cos\psi,\\ \omega_2 &= \dot{\phi}\sin\theta\cos\psi-\dot{\theta}\sin\psi,\\ \omega_3 &= \dot{\psi}+\dot{\phi}\cos\theta\end{aligned} \tag{10-12}$$

が得られる．この $(\omega_1, \omega_2, \omega_3)$ は角速度ベクトル $\boldsymbol{\omega}$ の剛体系での成分である．

Ⅳ 慣性テンソルと慣性主軸

以上でわたくしたちは，角運動量の方程式と角速度ベクトルの存在を知った．そこで次に，角運動量と角速度の関係を調べてみよう．

剛体の角運動量を，つぎのように書き直そう．

$$\begin{aligned}\boldsymbol{L} &= \sum_{\nu} m_{\nu}\boldsymbol{r}_{\nu}\times\boldsymbol{v}_{\nu}\\ &= \sum_{\nu} m_{\nu}\boldsymbol{r}_{\nu}\times(\boldsymbol{\omega}\times\boldsymbol{r}_{\nu}) \qquad (10\text{–}13)\\ &= \sum_{\nu} m_{\nu}[(\boldsymbol{r}_{\nu}\cdot\boldsymbol{r}_{\nu})\boldsymbol{\omega}-\boldsymbol{r}_{\nu}(\boldsymbol{r}_{\nu}\cdot\boldsymbol{\omega})].\end{aligned}$$

これは (x, y, z) 成分――任意の直交系の成分――では，

$$\begin{aligned}L_x &= \sum_{\nu} m_{\nu}[({y_{\nu}}^2+{z_{\nu}}^2)\omega_x - x_{\nu}y_{\nu}\omega_y - x_{\nu}z_{\nu}\omega_z],\\ L_y &= \sum_{\nu} m_{\nu}[-y_{\nu}x_{\nu}\omega_x + ({z_{\nu}}^2+{x_{\nu}}^2)\omega_y - y_{\nu}z_{\nu}\omega_z],\\ L_z &= \sum_{\nu} m_{\nu}[-z_{\nu}x_{\nu}\omega_x - z_{\nu}y_{\nu}\omega_y + ({x_{\nu}}^2+{y_{\nu}}^2)\omega_z]\end{aligned}$$

と表わされる．そこで，これをひとまとめに，

$$\boldsymbol{L} = \boldsymbol{I}\boldsymbol{\omega} \qquad (10\text{–}14)$$

と書く．$\boldsymbol{I}$ はテンソル量で**慣性テンソル**と呼ばれ，成分で書けば，

$$\boldsymbol{I} = \sum_{\nu} m_{\nu}\begin{bmatrix} {y_{\nu}}^2+{z_{\nu}}^2 & -x_{\nu}y_{\nu} & -x_{\nu}z_{\nu}\\ -y_{\nu}x_{\nu} & {z_{\nu}}^2+{x_{\nu}}^2 & -y_{\nu}z_{\nu}\\ -z_{\nu}x_{\nu} & -z_{\nu}y_{\nu} & {x_{\nu}}^2+{y_{\nu}}^2\end{bmatrix} \qquad (10\text{–}15)$$

であり，質量分布 $\sigma(x, y, z)$ の連続体の場合には，

$$I_{xx} = \int \sigma(x, y, z)(y^2+z^2)dxdydz,$$

$$I_{xy} = -\int \sigma(x, y, z)(xy)dxdydz$$

等で表わされる．I_{xx} を x 軸に関する慣性モーメントという．

もちろん，このテンソルの各成分は座標系が変われば変わる．そして，その慣性系での成分は時間の関数である．ただ剛体系においてのみ，各成分は一定値をとる．というより，慣性テンソルの成分は，通常剛体系で表わされる．

地球の場合，回転楕円体として，北極方向に z 軸，赤道上の任意の直交方向を x，y 軸とする座標系をとれば，

$$\boldsymbol{I} = \begin{bmatrix} I_1 & 0 & 0 \\ 0 & I_2 & 0 \\ 0 & 0 & I_3 \end{bmatrix}$$

のように対角形となる．ここに，

$$I_1 = \sum_\nu m_\nu({y_\nu}^2 + {z_\nu}^2) = \int \sigma(\boldsymbol{r})(y^2 + z^2)dxdydz,$$

$$I_2 = \sum_\nu m_\nu({z_\nu}^2 + {x_\nu}^2) = \int \sigma(\boldsymbol{r})(z^2 + x^2)dxdydz,$$

$$I_3 = \sum_\nu m_\nu({x_\nu}^2 + {y_\nu}^2) = \int \sigma(\boldsymbol{r})(x^2 + y^2)dxdydz$$

は，第7章で求めた各軸のまわりの慣性モーメントである．このように，$\boldsymbol{I}$ の非対角要素が0になる直交座標系の軸を慣性主軸という．一般の質量分布の場合も，$\boldsymbol{I}$ は2階の対称テンソルだから必ず主軸が存在する．

慣性モーメント（momentum inertiae）の概念をはじめて導入したのはホイヘンスであるが，その命名はオイラー

であり，慣性主軸（axes principales）の発見と命名もオイラーによる[(7)].

ここまで来たのだから，ついでに剛体の回転運動のエネルギーを求めておこう．剛体の回転エネルギーといっても，剛体を構成する質点の運動エネルギーの和だから，

$$\begin{aligned} E_{\text{rot}} &= \frac{1}{2}\sum m_\nu {v_\nu}^2 \\ &= \frac{1}{2}\sum m_\nu (\boldsymbol{\omega}\times\boldsymbol{r}_\nu)^2 \\ &= \frac{1}{2}\sum m_\nu[(\boldsymbol{\omega}\cdot\boldsymbol{\omega})(\boldsymbol{r}_\nu\cdot\boldsymbol{r}_\nu)-(\boldsymbol{\omega}\cdot\boldsymbol{r}_\nu)^2] \\ &= \frac{1}{2}(\boldsymbol{\omega}\cdot\boldsymbol{I}\boldsymbol{\omega}) \end{aligned} \tag{10-16}$$

と表わされる．ここで慣性テンソルの主軸成分を用いると，

$$E_{\text{rot}} = \frac{1}{2}(I_1{\omega_1}^2+I_2{\omega_2}^2+I_3{\omega_3}^2), \tag{10-17}$$

である．とくに，$I_1=I_2$（$\boldsymbol{e}_3$ のまわりに軸対称）ならば，オイラー角を用いて，

$$E_{\text{rot}} = \frac{1}{2}I_1(\dot{\theta}^2+\dot{\phi}^2\sin^2\theta)+\frac{1}{2}I_3(\dot{\psi}+\dot{\phi}\cos\theta)^2 \tag{10-18}$$

のように表わされる．この表式は第12章で用いることになるであろう．

V　オイラー方程式

剛体の回転は，重心静止系で見て，剛体全体に作用する力のモーメントを $\boldsymbol{N}$ とし角運動量の方程式（10-10）：

$$\frac{d\boldsymbol{L}}{dt} = \boldsymbol{N}$$

を解けば求まることがわかった．$\boldsymbol{L}$ は物理的にわかりやすい角速度 $\boldsymbol{\omega}$ と，

$$\boldsymbol{L} = \boldsymbol{I\omega}$$

で結びつけられている．

しかし，ここで注意しなければならないことは，慣性座標系から見た場合，回転している剛体の慣性テンソル $\boldsymbol{I}$ の成分が時間の関数となり，剛体の回転とともに変わってゆくので，きわめて扱いにくいことである．したがって，慣性系で議論をするかぎり，直接 $\boldsymbol{L}$ についての方程式を解かなければならない．

他方，剛体に固定した座標系の場合には，$\boldsymbol{I}$ の成分は時間によらない一定の値をとるので，$\boldsymbol{L}$ を $\boldsymbol{I\omega}$ でおきかえて，わかりやすい $\boldsymbol{\omega}$ を扱うことができる．しかしその代りに，微分方程式をそのまま成分にわけて書くことはできない．というのも，運動している座標系でベクトル成分の時間変化は，静止系から見た成分の変化とは異なるからである．

そこで，回転座標系から見た時間微分を考えてみよう．剛体系の基底ベクトルを $(\boldsymbol{e}_1, \boldsymbol{e}_2, \boldsymbol{e}_3)$ とする．まず，剛体に

固定されたベクトルとして，剛体上の点$\boldsymbol{r}$について考えてみる．$\boldsymbol{r}$の剛体系での成分を(x_1, x_2, x_3)とすれば，

$$\boldsymbol{r} = x_1\boldsymbol{e}_1 + x_2\boldsymbol{e}_2 + x_3\boldsymbol{e}_3$$

と書ける．$\boldsymbol{r}$は剛体に固定されているから，その剛体系での各成分は時間的に変化せず，ベクトル$\boldsymbol{r}$の時間変化は，

$$\boldsymbol{v} = \frac{d\boldsymbol{r}}{dt} = x_1\frac{d\boldsymbol{e}_1}{dt} + x_2\frac{d\boldsymbol{e}_2}{dt} + x_3\frac{d\boldsymbol{e}_3}{dt}$$

のように，もっぱら座標軸（基底ベクトル）自身の運動に依ることになる．

他方，剛体の角速度ベクトル$\boldsymbol{\omega}$の剛体系での成分を$(\omega_1, \omega_2, \omega_3)$とすれば，剛体上の点$\boldsymbol{r}$の速度ベクトルは，（10-11）より，

$$\begin{aligned}\boldsymbol{v} &= \boldsymbol{\omega}\times\boldsymbol{r}\\ &= (\omega_2x_3 - \omega_3x_2)\boldsymbol{e}_1 + (\omega_3x_1 - \omega_1x_3)\boldsymbol{e}_2 + (\omega_1x_2 - \omega_2x_1)\boldsymbol{e}_3\\ &= x_1(\omega_3\boldsymbol{e}_2 - \omega_2\boldsymbol{e}_3) + x_2(\omega_1\boldsymbol{e}_3 - \omega_3\boldsymbol{e}_1) + x_3(\omega_2\boldsymbol{e}_1 - \omega_1\boldsymbol{e}_2)\end{aligned}$$

と表わされる．このさい$\boldsymbol{r} = (x_1, x_2, x_3)$は剛体上の任意の点であるから，$\boldsymbol{v}$にたいするこれら二つの表式を比較して，剛体の回転にともなう基底ベクトルの変化率：

$$\begin{aligned}\frac{d\boldsymbol{e}_1}{dt} &= \omega_3\boldsymbol{e}_2 - \omega_2\boldsymbol{e}_3,\\ \frac{d\boldsymbol{e}_2}{dt} &= \omega_1\boldsymbol{e}_3 - \omega_3\boldsymbol{e}_1,\\ \frac{d\boldsymbol{e}_3}{dt} &= \omega_2\boldsymbol{e}_1 - \omega_1\boldsymbol{e}_2\end{aligned} \tag{10-19}$$

が得られる．

ここで，任意のベクトル $\boldsymbol{A}=\sum_{i=1}^{3} A_i \boldsymbol{e}_i$（$A_i$ は剛体系での成分）を考えると，その変化は，剛体系から見た変化（剛体系での成分の変化）と剛体系自身の変化（基底ベクトルの変化）の和，つまり，

$$d\boldsymbol{A} = \sum_{i=1}^{3} (dA_i)\boldsymbol{e}_i + \sum_{i=1}^{3} A_i\, d\boldsymbol{e}_i,$$

と考えられるから，その変化率は，

$$\begin{aligned}\frac{d\boldsymbol{A}}{dt} &= \sum_i \frac{dA_i}{dt}\boldsymbol{e}_i + \sum_i A_i \frac{d\boldsymbol{e}_i}{dt} \\ &= \left\{\frac{dA_1}{dt} + (\omega_2 A_3 - \omega_3 A_2)\right\}\boldsymbol{e}_1, \\ &\quad + \left\{\frac{dA_2}{dt} + (\omega_3 A_1 - \omega_1 A_3)\right\}\boldsymbol{e}_2 \\ &\quad + \left\{\frac{dA_3}{dt} + (\omega_1 A_2 - \omega_2 A_1)\right\}\boldsymbol{e}_3, \end{aligned} \qquad (10\text{–}20)$$

と表わされる．こうしてベクトルの時間導関数の剛体系での成分が得られた(*)．

これより，剛体系から見た角運動量の方程式は，

(*) 力学の通常の教科書にはこの式の右辺をひとまとめのベクトルの表式で表わしているのが多いが，あの表現は初心者には混乱と誤解をまねきやすい．(10–20) 式の意味は，$\left(\frac{d\boldsymbol{A}}{dt}\right)$ の剛体系での成分 $=\frac{d}{dt}$($\boldsymbol{A}$ の剛体系での成分)＋($\boldsymbol{\omega}\times\boldsymbol{A}$)の剛体系での成分 ということである．微分演算と成分をとることの順序が大切である．

$$\frac{dL_1}{dt}+(\omega_2 L_3-\omega_3 L_2) = N_1,$$

$$\frac{dL_2}{dt}+(\omega_3 L_1-\omega_1 L_3) = N_2,$$

$$\frac{dL_3}{dt}+(\omega_1 L_2-\omega_2 L_1) = N_3$$

と表わされる．もちろん，N_1, N_2, N_3 は力のモーメントの剛体系での成分である．そしてこの場合には，慣性テンソルの成分は定数である．とくに，$\boldsymbol{e}_1, \boldsymbol{e}_2, \boldsymbol{e}_3$ を慣性主軸に選べば，$\boldsymbol{\omega}$ についての方程式；

$$I_1\frac{d\omega_1}{dt}+(I_3-I_2)\omega_2\omega_3 = N_1,$$

$$I_2\frac{d\omega_2}{dt}+(I_1-I_3)\omega_3\omega_1 = N_2, \qquad (10\text{-}21)$$

$$I_3\frac{d\omega_3}{dt}+(I_2-I_1)\omega_1\omega_2 = N_3$$

が得られる．これを**オイラー方程式**という．もちろん，オイラーが1758年に導いたものである．オイラー自身の表現では (x, y, z) を角速度ベクトルの成分として，

$$dx+\frac{cc-bb}{aa}yzdt = \frac{2gP}{Maa}dt,$$

$$dy+\frac{aa-cc}{bb}xzdt = \frac{2gQ}{Mbb}dt,$$

$$dz+\frac{bb-aa}{cc}xydt = \frac{2gR}{Mcc}dt,$$

とある．ここで $2g(P, Q, R)$ が力のモーメント，また

$Maa=\int(x_2{}^2+x_3{}^2)dM$ が x_1 軸のまわりの慣性モーメントであることがわかるだろう．なかなか味のある表現である．もっともオイラーの導き方は，少なくともここで述べたものよりわかりにくい(8)．

オイラー方程式といっても，とくに原理的に新しい方程式ではなく，剛体の角運動量の方程式を角速度ベクトルの方程式に書き直し，それを剛体に固定された座標系の成分で表現したものにすぎない．しかし，角速度についての微分方程式にするためには，慣性テンソルの成分が定数となる剛体系で表現しなければならなかったという必然性は，はっきりと押えておいていただきたい．

＊　＊　＊　＊

以上で必要な道具はすべて手に入った．次節からこれを用いて，地球の形状と分点の歳差運動，および極運動の力学を論ずる．

Ⅵ　太陽が地球に及ぼす力のモーメント

はじめに，太陽が地球に及ぼす偶力——力のモーメントが必要である．計算は少々長いけれども，我慢していただきたい．

地球の中心から太陽（質量 M_s）までのベクトルを $\boldsymbol{R}_s$ とすると，ニュートンの考え方（第３章Ⅳのはじめの引用）にならえば地心より $\boldsymbol{r}'$ の位置にある地球の微小部分の質量 dm' に太陽が及ぼす引力は，

$$dF = GM_{\mathrm{S}}\frac{(\boldsymbol{R}_{\mathrm{S}}-\boldsymbol{r}')}{|\boldsymbol{R}_{\mathrm{S}}-\boldsymbol{r}'|^3}dm'$$

で与えられる．したがってこの力が及ぼす力のモーメントは，

$$d\boldsymbol{N} = \boldsymbol{r}'\times d\boldsymbol{F} = GM_{\mathrm{S}}\frac{\boldsymbol{r}'\times\boldsymbol{R}_{\mathrm{S}}}{|\boldsymbol{R}_{\mathrm{S}}-\boldsymbol{r}'|^3}dm' \qquad (10\text{-}22)$$

いま，$\boldsymbol{r}'$，$\boldsymbol{R}_{\mathrm{S}}$ を地球固定系 $(\boldsymbol{e}_1, \boldsymbol{e}_2, \boldsymbol{e}_3)$ で，

$$\boldsymbol{r}' = x'\boldsymbol{e}_1+y'\boldsymbol{e}_2+z'\boldsymbol{e}_3,$$
$$\boldsymbol{R}_{\mathrm{S}} = R_{\mathrm{S}}(\cos\alpha\,\boldsymbol{e}_1+\cos\beta\,\boldsymbol{e}_2+\cos\gamma\,\boldsymbol{e}_3)$$

と表現する．$\cos\alpha, \cos\beta, \cos\gamma$ は，$\boldsymbol{e}_1, \boldsymbol{e}_2, \boldsymbol{e}_3$ の各方向にたいする $\boldsymbol{R}_{\mathrm{S}}$ の方向余弦である．

これより，$d\boldsymbol{N}$ の各成分は，

$$dN_1 = GM_{\mathrm{S}}\frac{R_{\mathrm{S}}}{|\boldsymbol{R}_{\mathrm{S}}-\boldsymbol{r}'|^3}(y'\cos\gamma-z'\cos\beta)dm'$$

等で表わされる．ここで，

$$|\boldsymbol{R}_{\mathrm{S}}-\boldsymbol{r}'|^2 = R_{\mathrm{S}}^2-2R_{\mathrm{S}}(x'\cos\alpha+y'\cos\beta+z'\cos\gamma)+r'^2$$

であり，$R_{\mathrm{S}}\gg r'$ を考慮すれば，

$$\frac{R_{\mathrm{S}}}{|\boldsymbol{R}_{\mathrm{S}}-\boldsymbol{r}'|^3}=\frac{1}{R_{\mathrm{S}}^2}\left[1+3\frac{x'\cos\alpha+y'\cos\beta+z'\cos\gamma}{R_{\mathrm{S}}}\right]+O\left(\frac{r'^2}{R_{\mathrm{S}}^4}\right),$$

として，$O(r'^2/R_{\mathrm{S}}^4)$ 以下を無視してもよい．したがって，全体としての力のモーメントの成分は，

$N_1 = \int dN_1$（積分は地球の全質量について）

$$=\frac{GM_s}{{R_s}^2}\int(y'\cos\gamma-z'\cos\beta)\times\left[1+3\frac{x'\cos\alpha+y'\cos\beta+z'\cos\gamma}{R_s}\right]dm'.$$

ここで，地球が赤道面および子午面に関して対称でまた $\boldsymbol{e}_1, \boldsymbol{e}_2, \boldsymbol{e}_3$ が慣性主軸の方向であることを考えれば，y', z' の一次の項や $x'\cdot y'$ 等のクロスタームは消え，結局，

$$N_1 = 3\frac{GM_s}{{R_s}^3}\cos\beta\cos\gamma\int(y'^2-z'^2)dm'$$

$$= 3\frac{GM_s}{{R_s}^3}\cos\beta\cos\gamma(I_3-I_2),$$

$$\left(\int(y'^2-z'^2)dm'=\int\{(y'^2+x'^2)-(x'^2+z'^2)\}dm'=I_3-I_2\right)$$

と求まる．まったく同様に，他の成分についても，

$$N_2 = 3\frac{GM_s}{{R_s}^3}\cos\gamma\cos\alpha(I_1-I_3),$$

$$N_3 = 3\frac{GM_s}{{R_s}^3}\cos\alpha\cos\beta(I_2-I_1)$$

となる．

ここで，方向余弦 $\cos\alpha$ 等を，慣性系（空間固定系）にたいして剛体系（地球固定系）の方向を表わすオイラー角で書き直しておこう．

オイラー角を図 10-6 のようにとる．これは地球固定系を基準にして書いてあるが，前回の定義（図 10-4）とまったく同じである．図で，$\boldsymbol{R}_s$ は黄道面上にあり，節線の方向はその時点での秋分点方向，また，e_1^0 は元期 $t=0$ での秋分点の方向，Φ は太陽の黄経（e_1^0 から太陽方向ま

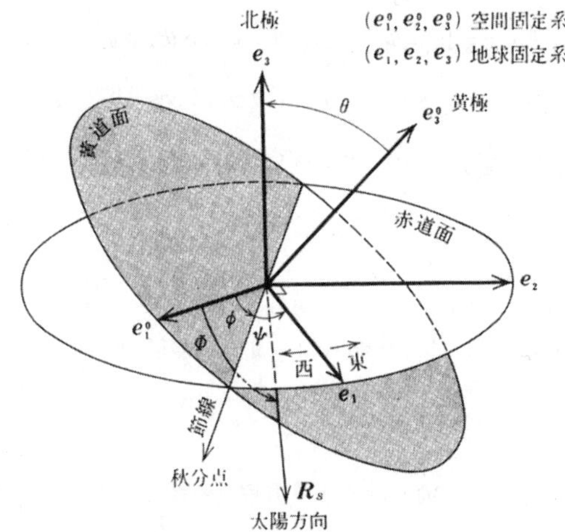

図 10-6　オイラー角のとり方と太陽の方向

での角度）とする．

この図を見ながら，$\boldsymbol{R}_{\mathrm{s}}$ の方向を地球固定系 $(\boldsymbol{e}_1, \boldsymbol{e}_2, \boldsymbol{e}_3)$ の各成分に分解することによって，

$$\begin{aligned} \cos\alpha &= \cos(\Phi-\phi)\cos\psi+\sin(\Phi-\phi)\cos\theta\sin\psi, \\ \cos\beta &= -\cos(\Phi-\phi)\sin\psi+\sin(\Phi-\phi)\cos\theta\cos\psi, \\ \cos\gamma &= -\sin(\Phi-\phi)\sin\theta \end{aligned} \quad (10\text{-}23)$$

が得られる（自分で確かめていただきたい）．

この表式を用い，また，$\boldsymbol{e}_3$ 軸（極軸）のまわりの対称性 $I_1=I_2$ を考え併せると，太陽が地球に及ぼす力のモーメントは，

$$N_1 = 3\frac{GM_s}{{R_s}^3}[\sin(\Phi-\phi)\cos(\Phi-\phi)\sin\theta\sin\psi$$
$$-\sin^2(\Phi-\phi)\sin\theta\cos\theta\cos\psi](I_3-I_1),$$
$$N_2 = 3\frac{GM_s}{{R_s}^3}[\sin(\Phi-\phi)\cos(\Phi-\phi)\sin\theta\cos\psi \qquad (10\text{-}24)$$
$$+\sin^2(\Phi-\phi)\sin\theta\cos\theta\sin\psi](I_3-I_1),$$
$$N_3 = 0$$

のように，オイラー角で表現される．

明らかに，地球が扁平 ($I_1 \neq I_3$) のために力のモーメントが生じていることがわかる．

Ⅶ オイラー方程式を解く

いま求めた力のモーメントの成分は，地球固定系での成分であるから，そのままオイラー方程式（10-21）の右辺に用いることができる．

また，左辺にある ω_1，ω_2，ω_3 にたいしては，(10-12) ですでに

$$\omega_1 = \dot{\phi}\sin\theta\sin\psi+\dot{\theta}\cos\psi,$$
$$\omega_2 = \dot{\phi}\sin\theta\cos\psi-\dot{\theta}\sin\psi,$$
$$\omega_3 = \dot{\psi}+\dot{\phi}\cos\theta$$

と求めているので，そのまま使う．

まず，オイラー方程式の第3成分は，$N_3=0$，$I_1=I_2$ より，

$$I_3 \frac{d\omega_3}{dt} = 0,$$

となるので，すぐさま，

$$\omega_3 = \dot{\psi} + \dot{\phi}\cos\theta = 一定, \qquad (10\text{-}25)$$

が得られる．

ところで，$\boldsymbol{N} = (0, 0, 0)$ の場合は，地球は不動の $\boldsymbol{e}_3$ 軸のまわりを 1 日 1 回まわるので，第 0 近似では，

$$\omega_3 = \dot{\psi} \cong 2\pi/\mathrm{day},$$

$$\dot{\phi} = \dot{\theta} = 0$$

であろう．$\boldsymbol{N}$ が存在する場合にも，その効果は小さいので，$\dot{\phi}$ や $\dot{\theta}$ は小さい量であると考えられる．そこで，上記の ω_1，ω_2 を時間微分して得られる，

$$\frac{d\omega_1}{dt} = (\dot{\phi}\sin\theta\cos\psi - \dot{\theta}\sin\psi)\dot{\psi} + \dot{\phi}\dot{\theta}\cos\theta\sin\psi + \ddot{\phi}\sin\theta\sin\psi + \ddot{\theta}\cos\psi,$$

において，$\dot{\phi}\dot{\theta}$ や $\ddot{\theta}$ や $\ddot{\phi}$ を 2 次の微小量として無視するならば，第 1 近似としては，

$$\frac{d\omega_1}{dt} \cong \omega_3(\dot{\phi}\sin\theta\cos\psi - \dot{\theta}\sin\psi) = \omega_3\omega_2,$$

また同様に，

$$\frac{d\omega_2}{dt} \cong -\omega_3(\dot{\phi}\sin\theta\sin\psi + \dot{\theta}\cos\psi) = -\omega_3\omega_1,$$

を用いてよいことがわかる．この結果をオイラー方程式 (10-21) に適用すれば，方程式は第 1 近似として，簡単な，

$$I_3\omega_3\omega_2 = N_1,$$
$$-I_3\omega_3\omega_1 = N_2,$$

あるいは，まとめて，

$$\omega_1 + i\omega_2 = \frac{i}{I_3\omega_3}(N_1 + iN_2), \qquad (10\text{-}26)$$

の形になり，オイラー角で表現すれば，

$$\begin{aligned}(\dot\theta + i\dot\phi\sin\theta)e^{-i\psi} \\ = -3\left(\frac{I_3 - I_1}{I_3}\right)\frac{GM_s}{\omega_3 {R_s}^3}[\sin(\Phi-\phi)\cos(\Phi-\phi)\sin\theta \\ + i\sin^2(\Phi-\phi)\sin\theta\cos\theta]e^{-i\psi},\end{aligned}$$

つまり，

$$\begin{aligned}\frac{d\phi}{dt} &= -3\left(\frac{I_3 - I_1}{I_3}\right)\frac{GM_s}{\omega_3 {R_s}^3}\sin^2(\Phi-\phi)\cos\theta \\ &= -\frac{3}{2}\left(\frac{I_3 - I_1}{I_3}\right)\frac{GM_s}{\omega_3 {R_s}^3}(1-\cos 2(\Phi-\phi))\cos\theta, \qquad (10\text{-}27)\end{aligned}$$

$$\begin{aligned}\frac{d\theta}{dt} &= -3\left(\frac{I_3 - I_1}{I_3}\right)\frac{GM_s}{\omega_3 {R_s}^3}\sin(\Phi-\phi)\cos(\Phi-\phi)\sin\theta \\ &= -\frac{3}{2}\left(\frac{I_3 - I_1}{I_3}\right)\frac{GM_s}{\omega_3 {R_s}^3}\sin 2(\Phi-\phi)\sin\theta, \qquad (10\text{-}28)\end{aligned}$$

という，θ, ϕ についての微分方程式が得られる．ここで，Φ は太陽の黄経だから，太陽の公転軌道を円とみなせば $\Phi = 2\pi t/T_s$ ($T_s = 1$ year) のように時間 t を用いて表わされる．

微分方程式（10-27, 28）を積分すれば，（10-25）の結果と合わせて，地球の回転運動（歳差運動）が求まるけれども，積分するときに，右辺にはすでに小さい因子 $(I_3-I_1)/I_3 \cong 1/300$ がかかっているので，右辺に現れる ϕ, θ にたいしては第0近似（一定）を用いることにする（逐次近似法）．

そのとき，右辺は，定数項と $\sin 2\Phi$，$\cos 2\Phi$ という周期項との和となり，年間の変化を求めると，

$$\Delta\phi = \oint \frac{d\phi}{dt}dt = -\frac{3}{2}\left(\frac{I_3-I_1}{I_3}\right)\frac{GM_s}{\omega_3 R_s{}^3}\cos\theta\cdot T_s, \qquad (10\text{-}29)$$

$$\Delta\theta = \oint \frac{d\theta}{dt}dt = 0, \qquad (T_s = 1\ \text{year})$$

となる．つまり，地軸の傾き θ は半年周期で小さく振動するが平均としては動かず，秋分点方向 ϕ は，半年周期の変動を伴いながらも，平均として一方向に動いてゆく．

実際には，まったく同様の効果が月の引力によっても生ずる．月の軌道面（白道面）は黄道面の上下にわずかな幅で振動しているので，平均として黄道面に一致しているとする（赤道面からの角度が 18°19′〜28°35′ の幅で振動し平均 23°27′）．そこで月による効果を加えて，年周変化：

$$\Delta\phi = -\frac{3}{2}\left(\frac{I_3-I_1}{I_3}\right)\frac{G}{\omega_3}\left(\frac{M_s}{R_s{}^3}+\frac{M_m}{R_m{}^3}\right)T_s\cos\theta \qquad (10\text{-}30)$$

（R_m：月までの平均距離，M_m：月の質量）

が得られる．

この結果を測定される量で書き直しておこう．

質量 m と M の2天体にたいするケプラーの第3法則の厳密な形は，T を周期，a を長半径として，

$$\frac{G(m+M)}{a^3}=\left(\frac{2\pi}{T}\right)^2.$$

太陽と地球の場合，地球の質量 M は M_{s} にくらべて充分小さいから，

$$\frac{GM_{\mathrm{s}}}{R_{\mathrm{s}}{}^3}=\left(\frac{2\pi}{T_{\mathrm{s}}}\right)^2, \qquad T_{\mathrm{s}}=1\ \mathrm{year}=365.25\ \mathrm{day}$$

としてよいが，月と地球の場合 $M/M_{\mathrm{m}}=81.30$ であるから，

$$\frac{GM_{\mathrm{m}}}{R_{\mathrm{m}}{}^3}=\frac{M_{\mathrm{m}}}{M_{\mathrm{m}}+M}\left(\frac{2\pi}{T_{\mathrm{m}}}\right)^2, \qquad T_{\mathrm{m}}=27.32\ \mathrm{day}$$

のように，分母の M_{m} を無視せず残しておこう．したがって最終的に，

$$\Delta\phi=-\frac{3}{2}\left(\frac{I_3-I_1}{I_3}\right)\frac{4\pi^2}{\omega_3 T_{\mathrm{s}}}\left[1+\frac{M_{\mathrm{m}}}{M_{\mathrm{m}}+M}\left(\frac{T_{\mathrm{s}}}{T_{\mathrm{m}}}\right)^2\right]\cos\theta \quad (10\text{-}31)$$

が得られる．

さて第7章で，地球が密度の一様な回転楕円体をしているとした場合には，

$$f_e\cong\frac{I_3-I_1}{I_3} \qquad (10\text{-}32)$$

となることを示し (7-18)，さらに地球を液体より成るものと考えて重力と遠心力による液体表面のつりあいより，

$$f_e=\frac{1}{231}$$

を求めた (7-23)．

この値および $\theta=23.5°$ を用いれば，

$$\Delta\phi = -66''.8$$

が得られる．オーダー（大きさの程度）は観測値と合っている．他方（10-32）の近似はそのまま残して f_e に対して実測値（7-27）：

$$f_e = \frac{1}{298._3}$$

を用いれば，

$$\Delta\phi = -51''.7$$

とほぼ満足できる結果が得られる．

逆に観測値：

$$\Delta\phi = -50''.26$$

に合わすようにすれば（オイラーは $-50''.3$ を用いた）[9]，

$$\frac{I_3 - I_1}{I_3} = 0.00326 = \frac{1}{306._7} \qquad (10\text{-}33)$$

が推定される．

また，第7章で導入した地球の重力ポテンシャルの展開係数（7-14）：

$$J_2 = \frac{I_3 - I_1}{Ma^2}, \quad (a = \text{地球の平均半径}),$$

つまり，地球の重力ポテンシャルを，

$$V(r) = -\frac{GM}{r}\left[1 - J_2\left(\frac{a}{r}\right)^2 P_2(\cos\theta)\right]$$

としたときに現われる J_2 において（この θ は余緯度であって，オイラー角の θ ではない），地球の質量分布が一様だと仮定すれば，推定された値（10-33）から，

$$I_3 \cong \frac{2}{5}Ma^2,$$

$$J_2 \cong \frac{2}{5}\cdot\frac{I_3-I_1}{I_3} = 1.30\times10^{-3}$$

が得られる．第7章Ⅳで挙げた値と較べていただきたい．

なお，以上の議論の展開の仕方はオイラーやダランベールのものとは必ずしも同じでないことは，了解していただきたい．

Ⅷ　自由章動と緯度変化

じつはオイラーは，このようにして歳差運動のdynamicalな説明を与えて$(I_3-I_1)/I_3$の値を推定しただけではない．

もう一度，オイラー方程式に戻ろう．いま地球に外力が働いていない場合には，$I_1=I_2$として，

$$I_1\frac{d\omega_1}{dt}+(I_3-I_1)\omega_3\omega_2 = 0,$$

$$I_1\frac{d\omega_2}{dt}+(I_1-I_3)\omega_3\omega_1 = 0, \qquad (10\text{-}34)$$

$$I_3\frac{d\omega_3}{dt} = 0$$

であるから，もちろん，

$$\omega_3 = \text{一定} \cong 2\pi/\text{day}$$

である．ところで，$\tilde{\omega} = \omega_1+i\omega_2$とおくと，第1と第2の

方程式より，$\tilde{\omega}$ は，

$$I_1\frac{d\tilde{\omega}}{dt}-i(I_3-I_1)\omega_3\tilde{\omega}=0, \tag{10-35}$$

を満たし，

$$\tilde{\omega}=\tilde{\omega}_0\exp[i(\Omega t+\varphi_0)], \quad \left(\Omega=\frac{I_3-I_1}{I_1}\omega_3\right),$$

すなわち，

$$\begin{aligned}\omega_1&=\tilde{\omega}_0\cos(\Omega t+\varphi_0),\\ \omega_2&=\tilde{\omega}_0\sin(\Omega t+\varphi_0)\end{aligned} \tag{10-36}$$

という解を持つ．（積分定数 $\tilde{\omega}_0$ や φ_0 はもちろん初期条件からしか決まらない．）

こうして得られた地球の自転角速度ベクトル $\boldsymbol{\omega}$ は，地球上から見れば，図 10-7 に示されるような運動を行なう．つまり，$\boldsymbol{\omega}$（地球の瞬間的な自転軸）が，$\boldsymbol{e}_3$（回転楕円体としての地球の対称軸）のまわりを，周期：

$$T=\frac{2\pi}{\Omega}=\frac{I_1}{I_3-I_1}\left(\frac{2\pi}{\omega_3}\right)=305\ \mathrm{day} \tag{10-37}$$

で回っていることを意味する．もちろんこれは力のモーメントを 0 としたときの解だから，実際には先に求めた歳差運動にこの運動が重なり合うわけである．しかし周期が大きく異なっているので別々に区別して観測しうる．

この現象を天文学者は「自由章動」と呼ぶ(*)．そして

(*) 物理屋の書いた力学の教科書では「歳差運動」と呼んでいるのが多いが，「分点の歳差運動」と混同しないように．また天文学で一般に「章動」といえば，一様な歳差運動に重なって現われる自転軸

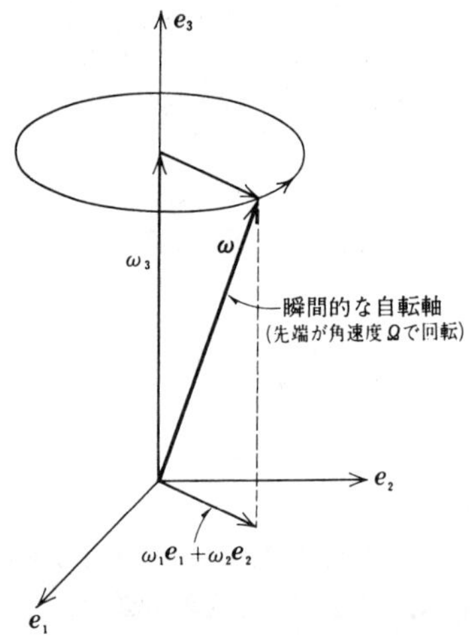

図 10-7 地球固定系から見た自転軸の運動

この305日の周期は,「オイラー周期」とよばれる. オイラーはこの事実を1755年に予言したと通常語られているが, 原論文に当れなかったので確かめてはいない.

自由章動がもし存在するとすれば,「緯度変化」として実測されるはずである. ここで緯度というのは赤道から観測点までの角度つまり観測点と地球中心を結ぶ直線が赤道面となす角度（地心緯度）のことではなく, 天文緯度（測

の振動運動のことを指し, とくに月の軌道面が黄道面にたいして回転するための18年周期の変動が大きい.

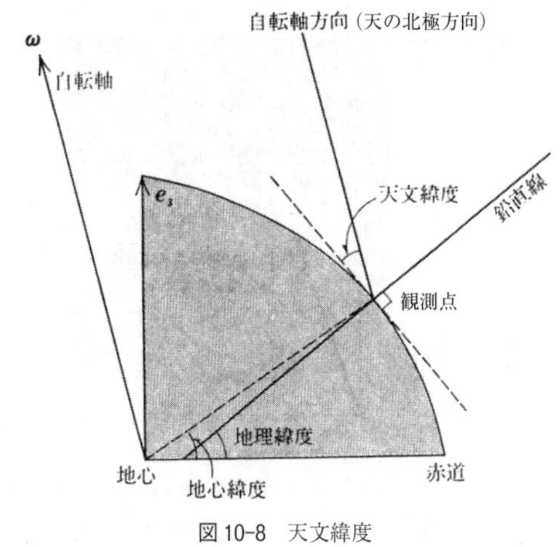

図 10-8　天文緯度

地緯度），つまり自転軸方向（平たく言えば，天の一晩中動かない星の方向）と鉛直線のなす角の余角つまり天の北極を仰ぎ見る角度（図 10-8）のことである．図から明らかなように，天文緯度は，もしも $\boldsymbol{\omega}$ が赤道面に垂直な $\boldsymbol{e}_3$ のまわりに回転しているならば，当然それと同周期で変動するはずである．

オイラーの予言以降，この周期的な緯度変化を実証しようと多くの人々が挑戦したが，ただ不規則な変化を見出しただけであり，最終的に確定されたのは，実に，約一世紀半のちの 1890 年代のことであった．

人々は懐疑的になっていたが[(10)]，ドイツのキュスト

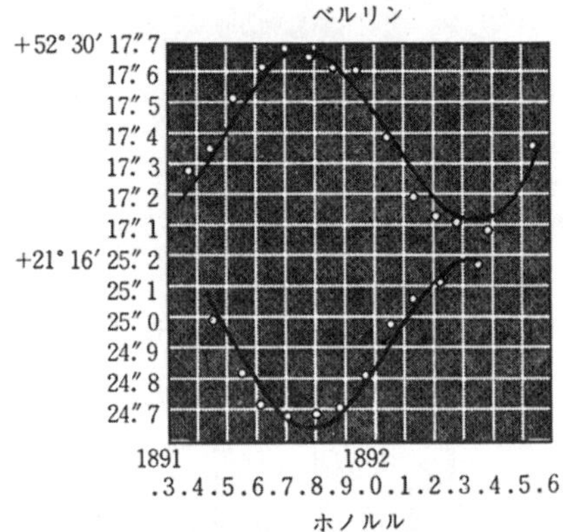

図 10-9 ベルリン（東経 15°）とホノルル（東経 200°）で同時観測された緯度変化（『新天文学講座 4 地球と月』恒星社より）

ナーが，新しい方法で観測精度を飛躍的に向上させて学界を刺激し，自由章動の場合には経度が 180 度離れている二点では緯度変化の向きが逆になるはずであるということより，ベルリン（東経 15°）とハワイ（東経 200°）の二点で観測が行なわれ，図 10-9 のように見事に実証された．ほとんど同時にアメリカのチャンドラーは，1750 年以来の信頼するに足る観測データを総当り的に吟味し，巧妙に処理して，427 日の周期（チャンドラー周期）を見出した (1891)．この周期がオイラーのものより長いことは，地球が実際には剛体ではなく弾性体であることより説明されている(11)．

IX　地球の扁平性と人工衛星の運動

ここまで来たのだから，歴史的順序を無視して，人工衛星による地球の形状の推定にまで話を広げておこう．太陽が地球に $\boldsymbol{N}$ という偶力を及ぼすことを第VI節で求めた．作用・反作用の法則からすれば，これは地球が太陽に $-\boldsymbol{N}$ の重力のモーメントを及ぼすことでもある(*)．

このことはまた，地球のまわりを回る任意の物体——人工衛星——に対してもあてはまる．つまり人工衛星（質量 m）は，扁平な地球によって GMm/r^2 の引力以外に力のモーメントの作用をうけ，そのため衛星の地球のまわりの角運動量 $\boldsymbol{l}$ が変化する．$\boldsymbol{l}$ は軌道面に垂直だから，このことは軌道面が移ってゆくことを意味する．

そこで，人工衛星の軌道面の変化を測定すれば，地球の扁平性が推定されるはずである．

このような衛星の運動を記述するために，次のような手続きを採用する．

いま，かりに地球が完全に球対称であったとすれば，重力は距離の逆自乗に比例する中心力であり，その場合衛星は一平面上で完全な楕円をえがく（ケプラー運動）であろう．議論を見やすくするために，軌道が半径 r の円軌道

(*)　地球が太陽に及ぼす重力のモーメントは，(10-22) 式同様，次のように求まる．

$$\boldsymbol{N}' = \int \boldsymbol{R}_{\mathrm{S}} \times GM_{\mathrm{S}} \frac{(\boldsymbol{r}'-\boldsymbol{R}_{\mathrm{S}})}{|\boldsymbol{R}_{\mathrm{S}}-\boldsymbol{r}'|^3} dm' = GM_{\mathrm{S}} \int \frac{\boldsymbol{R}_{\mathrm{S}} \times \boldsymbol{r}'}{|\boldsymbol{R}_{\mathrm{S}}-\boldsymbol{r}'|^3} dm' = -\boldsymbol{N}\,.$$

であるとする．そこで，衛星の軌道面と位置とを図10-10のように表わし，衛星が南から北に赤道面を通過する点を昇交点と呼ぶ．このとき，

Ω：昇交点経度（春分点から昇交点までの角度），

i：軌道面傾斜角（赤道面と軌道面のなす角），

と名付け，これらを軌道要素という．（図10-10の座標は，$\boldsymbol{e}_1$が春分点方向，$\boldsymbol{e}_3$が北極方向で，これは歳差や章動を無視すれば静止系である．）そして，ケプラー運動の場合，Ωやiは一定に保たれる――楕円軌道の場合は，離心率eや昇交点から近地点までの角度（ω；近地点引数），長半径Aも保存されるが，ここでは考えない．

ところで，実際に地球の扁平性に起因する力のモーメントが加わったならば，軌道要素は一定でなく，時間的に変化するであろう．このとき，この変化が小さいものとして，運動を軌道要素の時間変化――たとえば$\Omega(t)$――によって記述する．いわば，ケプラー運動を第0近似として，そこからのはずれを表現するものである．

さて，図10-6と図10-10を見較べるならば，衛星に作用する力のモーメント$(\boldsymbol{n})$は，第VI節で求めた太陽に働くもの$(-\boldsymbol{N})$にたいして，

$$\theta \to i$$

$$\Phi - \phi \to \varphi - \pi$$

$$\psi \to \pi - \Omega$$

と置きかえればよいことがわかる（黄道面を軌道面に，春分点を昇交点に置きかえてみればよい）．

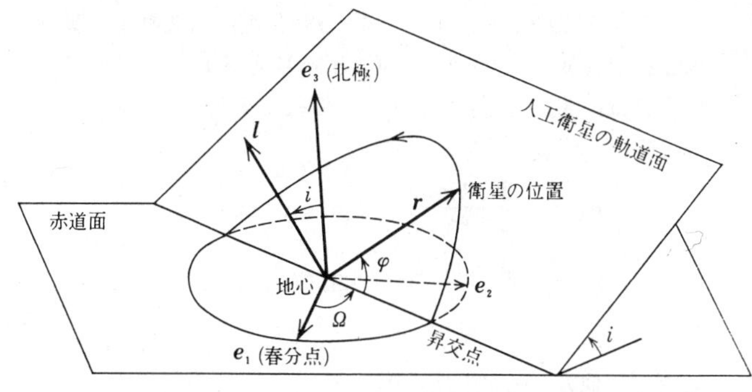

図 10-10　人工衛星の軌道要素と座標系のとり方

こうして，(10-24) にしかるべき置きかえをして力のモーメント $\boldsymbol{n}$ の各成分，

$$n_1 = -\frac{3}{2}\cdot\frac{Gm}{r^3}(I_3 - I_1)[\sin 2\varphi \sin i \sin \Omega + (1-\cos 2\varphi)\sin i \cos i \cos \Omega],$$

$$n_2 = -\frac{3}{2}\cdot\frac{Gm}{r^3}(I_3 - I_1)[-\sin 2\varphi \sin i \cos \Omega + (1-\cos 2\varphi)\sin i \cos i \sin \Omega], \tag{10-38}$$

$$n_3 = 0$$

が得られる．

この $\boldsymbol{n}$ を用いて角運動量の方程式 $\dfrac{d\boldsymbol{l}}{dt} = \boldsymbol{n}$ を解けばよいのだけれども，$\boldsymbol{n}$ には，すでに $(I_3 - I_1)$ という小さい因子がかかっているので，$\boldsymbol{n}$ の中の Ω や i は，第 0 近似として

の一定値を用いる．そうすれば，$\boldsymbol{n}$ は周期的に変動する項（$\sin 2\varphi$ や $\cos 2\varphi$ のかかった項）と定数項とに分かれる．実際には観測は何周期にもわたって行なうので，周期平均をとると，

$$\bar{n}_1 = -\frac{3}{2}\cdot\frac{Gm}{r^3}(I_3-I_1)\sin i\cos i\cos\Omega,$$
$$\bar{n}_2 = -\frac{3}{2}\cdot\frac{Gm}{r^3}(I_3-I_1)\sin i\cos i\sin\Omega, \qquad (10\text{-}39)$$
$$\bar{n}_3 = 0$$

となる．他方，図 10-10 より，

$$l_1 = l\sin i\sin\Omega,$$
$$l_2 = -l\sin i\cos\Omega, \qquad (10\text{-}40)$$
$$l_3 = l\cos i$$

が見てとれるから，ただちに，

$$\frac{dl_3}{dt} = \frac{d}{dt}(l\cos i) = 0; \qquad \therefore\quad l\cos i = 一定 \qquad (10\text{-}41)$$

が得られる．また，l_1，l_2 についての方程式より，若干の計算ののちに，

$$\frac{d}{dt}(l\sin i) = 0; \qquad \therefore\quad l\sin i = 一定, \qquad (10\text{-}42)$$

$$l\frac{d\Omega}{dt} = -\frac{3}{2}\cdot\frac{Gm}{r^3}(I_3-I_1)\cos i \qquad (10\text{-}43)$$

が得られ，

$$l = mr^2\dot{\varphi} = m\frac{2\pi r^2}{T} = 一定,$$
$$i = 一定, \qquad (10\text{-}44)$$

つまり，面積速度 $\left(h=l/2m=r^2\dot{\varphi}/2\right)$ と軌道面の傾き i は――周期的変動を除いて――変化しないことがわかる．

他方，昇交点は，一周期 $(T=2\pi/\dot{\varphi})$ ごとに，

$$\varDelta\Omega=\oint\frac{d\Omega}{dt}dt=-\frac{3}{2}\cdot\frac{Gm}{r^3}(I_3-I_1)\frac{T}{l}\cos i$$

だけ，移動しつづける．ここでケプラーの第 3 法則 $(GMT^2=4\pi^2r^3)$ を用いれば，

$$\varDelta\Omega=-3\pi J_2\left(\frac{a}{r}\right)^2\cos i, \qquad (10\text{-}45)$$

が得られる（$a=$ 地球の平均半径，$J_2=(I_3-I_1)/Ma^2$）．

楕円軌道の場合にこの $\varDelta\Omega$ や他の軌道要素の変化を厳密に計算するなら，長半径を A，離心率を e として，

$$\begin{aligned}\varDelta A&=0,\\ \varDelta e&=0,\\ \varDelta\Omega&=-3\pi J_2\frac{a^2}{A^2(1-e^2)^2}\cos i \qquad (10\text{-}46)\\ \varDelta\omega&=\frac{3\pi}{2}J_2\frac{a^2}{A^2(1-e^2)^2}\,(4-5\sin^2 i)\end{aligned}$$

となる．楕円軌道の場合，軌道の形と軌道面の傾きは平均して変わらず，軌道面が一方向にゆっくり回転してゆき，同時に近地点がゆっくり移動してゆくことがわかる(*)．

(*)　楕円軌道として扱った場合の計算は，初等的には，江沢洋・中村孔一・山本義隆『演習詳解 力学』（第 2 版 2011 年，日本評論社）問題 7-15 に，また解析力学を用いた計算は，山本義隆・中村孔一『解析力学 II』（1998，朝倉書店）Ch. 9.2，例 9.2.1 にあり．

1957年に世界ではじめて飛んだ人工衛星スプートニク1号の場合,

$$T = 96.2\text{分},$$
$$i = 65^\circ.0,$$
$$A = 1.0862a,$$
$$e = 0.05,$$
$$\frac{d\Omega}{dt} = -3.1\,\text{deg}/\text{day} = -0.207\,\text{deg}/\text{period},$$

であった(『現代天文学事典』恒星社より). これより,

$$J_2 = 1.08 \times 10^{-3} \tag{10-47}$$

が得られる. 第7章に載せた値と較べていただきたい.

このようにして, 地球の形状——地球の重力ポテンシャルが推定される.

＊　＊　＊　＊

ニュートン力学が新しい地球と太陽系を発見したということを言おうとして, 少し地球の形状の問題に深入りしすぎたようである.

近代資本主義社会は商品経済を全世界に貫徹させ, 全世界を支配下においた. この時代になってはじめて, 世界は一つの世界になったわけだが, まさに近代社会とともに生まれたニュートン力学が, はじめて地球の形状と運動を理論的に解明したといえよう.

第11章　力学的世界像の勃興

I　フランス啓蒙主義における真理概念の転換

オイラーに踵を接して登場したのは，フランス百科全書派，とりわけダランベールであり，そしてまたその後につづくラグランジュとラプラスであった．

たしかにオイラーは，時間・空間論を形而上学的な根拠づけから解放したし，実際に数多くの現実的な問題を解いてみせた．しかし彼は，いまなお説明しえない問題を神学に委ね，また目的論的な考え方を捨てきれなかったし，そのうえ彼の解法は個々の問題に即して巧妙な方法を編み出すもので，かならずしも汎用性を持ってはいなかった．

だいいち彼は，重力の成因は何かという相変らずの問題に頭を悩ましていたし，他面ではすべての問題が，たとえ太陽系をめぐる問題に限っても，力学的に――つまり万有引力と運動方程式だけから――解けるとは思ってもいなかったのである．事実オイラーは，月の不規則な運動をめぐって「ニュートンの有名なる理論は，ある程度までしか天体の運動に適用しえない　……」とあるところで語っている(1)．

このオイラーを乗り越えたのが，冒頭にあげた三人のフランス人である．

彼らは力学を汎用的な形に鋳直して完成し，太陽系の惑星の運動の問題についてはほとんどすべて解決してしまった．しかしそれ以上に重要なことは，力学的決定論を確立し，力学的自然観，ひいては力学的世界像を作り出したことである．そしてこの思想が19世紀を支配する．

まずはじめに，ディードロとならぶ百科全書派の雄，ダランベールから見てゆこう．ヴォルテールとともにフランス啓蒙主義を代表する人物である．

ダランベールは，数学と物理学のみならず文字通り百科全書的な能力を発揮したけれども，彼にとって物理学とは何であったのか．

1758年に彼は，「私たちの世紀は真の意味において哲学の世紀と呼ばれてきた」と『哲学綱要』で語っている．すなわち「自然科学は日に日に新しい富を蓄積するし，幾何学は自らの領域を拡大することによって隣接する物理学の分野に光明をもたらした．世界の真の体系が発見された」と．言うまでもなくここで述べられている「世界の真の体系」とは，主要にニュートン力学のことであり，進歩と光明は物理学と数学により担われているとされたのである．ダランベールもまた，

——「ニュートンあれ」との神の声に暗なりし自然に光あふれぬ——

とニュートンの墓碑銘に刻んだアレクサンダー・ポープ，

あるいは，「彼が企てるまでは，人智の限界の彼岸にあると思われていた問題にまで，われわれの能力と理性の最大にして最も高貴なるものを押し広げたことによって，人間の本性に栄誉をもたらした人物」とニュートンを讃えたペンバートンの気分を共有していたのだ．それは，啓蒙主義の時代をつらぬく気分でもあったのだろう．ここでダランベールが「世界の真の体系」と語っていることに――後論との関係において――留意していただきたい．

たしかにダランベールは，物理学に関していうならば，ニュートンを全面的に受け容れている．そのさい彼はニュートン力学を，経験論，とくにロックの経験論――感覚論哲学――の枠組みで捉えたのであった．ロックとニュートンとを一体として受け止めたといってよい．もう少し具体的にいうと，ダランベールにたいしてニュートン力学の真理性を保証したのが，ロックによる感覚論哲学であった．そしてこのことは，ダランベールに限らずヴォルテールをはじめとするフランスの啓蒙主義者のすべてに通ずることであった．したがってダランベールは，もちろんデカルト的生得観念を追放し，ロックに倣って人間の知識や観念の源泉をことごとく感覚に還元する．すなわち，

私たちの知識の全体は，直接的知識と反省的知識に分けられる．直接的知識とは，私たちが意志の作用をなんら加えずに無媒介的にうけとる知識である．それは，こういってよければ，私たちの心のすべての扉が開いているのを見てそこへ抵抗も努力もなしにはいってくる知識である．反省的知識とは，精神が

直接的知識に働きかける――つまりそれらを結びつけ，また組み合わせる――ことによって獲得する知識である．

私たちの直接的知識はすべて，感官によって受け取る知識に還元される．このことから，**私たちはすべての観念をほかならぬ感覚に負っている**，ということが帰結する(2)．（『百科全書・序論』強調引用者）

というわけである．ダランベールはここからさらに議論を広げ，倫理学上の諸観念，悪徳や美徳，法の原理，はてはまた「神の存在と神への私たちの義務」までも，「私たちの感覚が誘因となる第一の反省的観念の結果」であるとしている．

要するに「心の扉」をできるだけ大きく開き，心のなかをできるだけ白紙に近くしておけば，そしてまた，得られた感覚を結びつけ組み合わせさえすれば，それだけ多くの正しい知識が得られるという，単純素朴できわめて常識的な認識論である．ちなみにロックによれば，観念とはすべからく感覚の記録であり，それ以上に人はものごとの原因とか「物自体」を知りえないことになる．そのかぎりにおいて重力の真理性も問われなければならないのだ．

こうして「仮説を作らない」といったニュートンの態度が，空間に遍在する神についてのニュートンの信念や重力を神の支配と深慮に負わせようとしたニュートンの生涯的な模索をはなれて，純粋に経験論的に解釈され肯定されてゆくことになる．

実をいうと，これはニュートンの理論をめぐる態度の決定的な転換の訪れを意味している．というのも，それ以前までは，とりわけニュートンの重力かそれともデカルトの渦動かという論争がかまびすしかった時代には，自然学を根拠づけるものは存在論と論理学——総じて形而上学——に求められていたからである．この自然学（physica）—形而上学（metaphysica）という図式は，アリストテレス以来連綿と続いたものであったが，まさにニュートンの理論は首尾一貫した形而上学を欠落させていたのだ．クラークがニュートンの空間論の諸断片をつなぎ合わせて形而上学を体系化しようと努力したが，成功したとはいいがたい．他方デカルトは，曲りなりにも存在論と論理学を展開し，そこから自然学を導いてみせた．この図式に囚われている眼から見れば，ニュートンの理論を根拠づけるものはなかったといえよう．第一原因の不明な重力は文字通り宙に浮かんでいたし，ニュートン自身も同じ図式に囚われて重力の存在論上の根拠を模索していたときもあった．

しかしダランベールは，ニュートンの理論にたいして，あるいは物理学一般にたいして，権利根拠を提供するものは形而上学ではない，という立場にたった．この態度転換こそ，その後の哲学を支配し，ついにはカントの認識批判を生み出すに至るのだが，ともかくもこれで事態は一変した．デカルトの理論はあやしげな「生得観念」などに依拠しているのにひきかえ，ニュートンの理論は確実なわれわれ自身の感覚に依拠しているではないか．「形而上学の多くの問題に関する哲学者の体系，もっとはっきり言えば哲学者の夢想は，人間精神にとって獲得されうる実際的認識を総括することのみを目指す著作のうちにはまったく入りこむ余地がない」（ダランベール）のである[3]．こうして両者の優劣は逆転する．

たしかにニュートン自身は，認識論を説かなかったし，ましてや自身の物理学の認識論上の根拠づけを語りはしなかった．しかしダランベールの眼から見れば，そのニュートンを補完したのがロックということになる．

> ニュートンがあえてしなかったことを，ロックが企てそして実り豊かにおし進めた．ニュートンが自然学を創造したのとほとんど同様の仕方で彼は形而上学を創造したのだといってよい．……　一言でいえば，彼は形而上学をそれが真にあるべき姿，すなわち心の実験的物理学へと還元したのである．……合理的な形而上学は，実験的物理学と同じく，ただ次のことからのみ成り立つことができる．すなわち，すべての事実を注意深く蒐集し，それらをひとつのまとまった全体に帰せしめ，その中で首位を占め基礎として役立つべき事実を識別することによりそれらを相互に説明すること，である[4]．（『百科全書・序論』）

ここでは，もはや「形而上学」が存在論を含むアリストテレス流の形而上学を指すものでなくなっていることに注意してもらいたい．それは概念の心理学的起源を問う「心の実験的物理学」を指している．ロックが成そうとしたことは，つまるところ「人間の認識の起源，確実性，ならびに範囲」を確定し限定することにあった．

という次第で，終局的にダランベールのニュートンにたいする評価は，あくまでも「物理学者」としてのニュートンにたいする評価に限定されることになる．つまり「重力の諸実験が，ケプラーの諸観察と合して，このイギリスの哲学者に，惑星をその軌道のうちに保持する力を発見させた．彼は惑星の運行を特徴づけることと，幾世紀もの労苦に対してのみ発見しえたであろうような正確さでそれを計算することを同時に教えた」というような「数多くの現実的な成果で哲学を豊かにした」という点にこそニュートンの哲学上の功績はあるとされる．いや，単に物理学上の現実的成果で哲学を豊かにしたことはひとつの功績だというような消極的評価ではなく，むしろ，ニュートンが物理学者に自己限定し哲学をもてあそばなかったことこそが，積極的に評価されるべきことになる．つまり「彼〔ニュートン〕がおそらく哲学のために最も貢献したのは，慎重であること，また，デカルトがさまざまな事情のために余儀なく哲学に与えていたある種の大胆さを正しい限界のうちにとどめることを哲学に教えた点である．」(5)そしてニュートンの自己限定は，ロックが認識論を創ったことによって確たる基盤を与えられたということになる．

デカルトは大胆に壮大な体系を創り出し，宇宙の窮極の第一原因を捉えたと宣言した．彼の第一原因と彼の論理学をもってすれば，世界に説明しえない事柄はないと言われた．しかしデカルトの原理は現実的世界をほとんど説明しえなかった．他方ニュートンは，第一原因や第一原理を語りえなかったけれども，太陽系と地上の物体の運行を一分の狂いなく説明することに成功した．かつては第一原因が不明であるとしてニュートンは拒否されたが，いまでは評価の基準は逆転した．軽々しく第一原因を口にしないことこそ学者のとるべき態度であり，現実の現象の説明に自己限定することこそ学の任務であるということになった．

このような立場に立つかぎり，重力理論の評価の方向もおのずと決まってくる．重力が何を——つまりいかなる経験的事実を——説明しているのかこそが問われなければならない．それ以上に重力の原因——第一原因——など人間の問うべき問題ではなくなったのだ．

これはフランスの啓蒙主義者を貫ぬく態度であった．すでにヴォルテールは，明白に次のように言いきっている．

> 隠れた性質と呼ぶことのできるのは，〔デカルトの〕渦動こそそれである．というのは，その存在は決して証明されていないからである．引力はこれに引き替え，ほんとうに存在するものである．それというのは，その諸作用は証明され，またその大きさも計算されているからである．この原因のそのまた原因は，神の御胸にある．
> 〈ここまでは来てよろしい，ここを越えてはならぬ〉(6)．（『哲学書簡』）

最後の一文は『旧約聖書』の「ヨブ記」にあるエホバの言葉だが，この一文のもつアクセントは強烈である．すでに第6章で近代科学を絶対的真理の断念，部分的・技術的真理の甘受という態度で特徴づけたけれども，その態度がここでは，不承不承としてではなく，むしろきっぱりとあるべきものとして宣言されている．ヴォルテール自身は，重力は神により与えられ仲介されるものと考えていたし，また，神の意志による宇宙秩序の形成を認めてはいたが，他方で科学と信仰を峻別する立場に立っていたのである．その意味で，物理学としては重力の原因は問うことではなかったのだ．

こうして，ここで物理学の課題，ひいては真理概念の転換がなしとげられた．形而上学は物理学から閉め出され，ニュートンが自然哲学のうちで「数学的諸原理」と呼んだ部分だけが物理学として一人立ちさせられてゆく．

II　啓蒙主義以降の重力

ダランベールが『百科全書』の編集に携りはじめたのは1746年頃で，その『序論』執筆は51年であるが，49年に彼は『地球の歳差と章動に関する研究』を著している．これは前章で述べた地球の形状と運動をめぐる諸問題においても歴史的に重要な文献であるが，いまはこの書に述べられている彼の物理学観に注目しよう．特に重要なのはその序文であり，しかもこの序文は，わたくしの見るところ力学思想の発展においてきわめて著しい転換点にあると思われるにもかかわらず，いまだにそれとして挙げられ注目されたこともないようなので，すこし長いけれども冒頭の2

節を訳出引用しておこう(*).

物理学における体系の精神（l'esprit de systéme）は，幾何学における形而上学に相当する．われわれが真理の道に入るために時にはそれが必要であるにしても，その力でわれわれが真理の道に到達することはほとんどいつも不可能である．自然の観察に導かれたならば，体系の精神は現象の原因を垣間見ることもあるだろう．しかしこれらの原因の存在を，いわば確証し，その原因が作り出す効果を正確に決定し，そしてそれらの効果を，経験（実験）があばき出すものと比較できるようにするものは計算（calcul）である．このような手段をまったく持たないどのような仮説（hypothese）も，科学ではつねに心がけねばならない高度の確実さを獲得することはめったにない．そして，人々が体系と称して有難がっているこれらの下らない憶測の中にかかる高度の確実さを見出すことは，まったくできない．だとすれば，物理学者の主要なる資質とは，体系の精神を持ってはいるがしかし決して体系を作らないことであるといえよう．

このことから，一つの効果を説明するためにわれわれが想像しうるいくつかの仮定（supposition）の中で，それが真であるか否かを確かめる確実な手段をその本性を通じてわれわれに提供してくれるものこそが，われわれの検討に値する唯一のものであると，結論づけられる．引力の体系はそのようなものの一つであって，少なくともこの点で哲学者たちの注目を惹くに値している．実際，天体がそれらの距離の2乗に逆比例する力で互いに引き合いながら抵抗のない空間を運動するとすれば，それらの運動の研究は力学の一つの問題であって，これに対してはわれわれは必要なデータをすべて持ち合わせている．この問

(*) もっともこの引用文の前半部分は，そっくりそのまま『百科全書』の『序論』に転用され，『百科全書・序論』の一節としてはしばしば引用されている．しかしそのもともとの出処がじつはこの歳差・章動論の序文であるという指摘は，なぜかどこにもない．

題の解は，引力の体系にぴったりと合致するにちがいない現象を指示するであろう．**この〔引力の〕体系が物理学的天文学(astronomie physique) において持つべき権威を判定するには，その解を現実の現象と比較するだけでよいのである．**(強調引用者)[7]

そのような現象の一つとしてダランベールは，もちろん分点の歳差運動を採り上げるのであるが，ここで彼はもはやニュートンやオイラーとちがって，諸現象の連関をとおして重力が実証されること，具体的には歳差運動が重力論によって定量的に説明づけられること以上には，重力の存在の保証や真理性——すなわち「重力が持つべき権威」——を求めてはいない．

このような態度が啓蒙主義者の重力観であった．それ以降，少なくとも大陸では——というのも後で見るようにイギリスでは事情が少々異なるのだが——重力の成因やからくりという問題は，もちろん野心家の興味をそそりつづけはしたが，学としての物理学のメイン・テーマにはならなくなった．今世紀の初頭にランゲは『唯物論史』において，「重力を直観的な物理学的原理から説明しようとする試みが後を絶たなかったということはよく理解できる．……今日ではそのような試みが専門家からはきわめて冷やかに扱われていることは，習慣の力を示すものである．一度人が遠隔力に満足したならば，それを他のもので取り替えようとはもはや誰も望まなくなる」と語っている[8]．アインシュタインが一般相対性理論を提唱するまでの話である.

この転換は19世紀のフランスを支配する.

革命後，したがってダランベールよりほぼ二世代後の物理学者であるフーリエは，1822年の『熱の解析的理論』の序文を次の言葉で起こしている．この転換を象徴する言葉である.

> 第一原因はわれわれには知られることはない．しかしそれは観測によって発見されるであろう単純にして恒常的な法則に呈示されているのであり，それらの法則の研究が自然哲学の対象である．熱は，重力と同様に，宇宙のすべての物質に浸透し，その放射は空間のすべての部分に広がる．われわれの研究の主題は，この要素が従う数学的法則を画定することである(9).

フーリエの求めた熱伝導の方程式は，熱が物質――熱素――であるのか仮想的流体の振動であるのかそれとも分子運動であるのかには無関係である．熱が実体として何であっても得られた方程式の真理性はいささかもゆるがない．こうして「熱とは何か」ということを詮索することなく熱伝導の純粋に数学的な理論を展開することができたし，またそれが物理学の正しい方法であると考えられるにいたったのだ.

熱の分野だけではない．新しく興ってきた電磁気学もまた，フランスでは同じ地盤の上に建設されることになる．アンペールは少年時代に『百科全書』全36巻を読破し，生涯それをそらんじていたといわれ，百科全書派の申し子のような人物だが，1820年にエールステッドの手によって電流の磁気作用が発見されると，そのアンペールはたちまち電流間に働く力の数学的理論を作り上げた．そのときには，力がいかなる実体に由来し力がいかにして伝播するのかというニュートンを悩ませデカルト派に重力拒否反応を起こさせた大問題はまったく考慮されなくなっていた．1827年に書いた『電気力学現象の数学的理論について』で，アンペールは，ニュートン主義を啓蒙主義的に捉え直しつつ，自らの信条を次のように明瞭に宣言している．

> 状況を可能なかぎり変えながら精密な観測で裏打ちしつつ諸事実を観察して，それらの諸事実から実験的に一義的に基礎づけられた一般的な諸法則を導き出し，その諸法則からその現象を生み出す力の数学的な値，いいかえれば力を表わす公式を，**力の本質についてのなんらかの仮説とは無関係に**導き出すこと――これがニュートンによって採られたやり方である．この路線はフランスの科学者によって広く採用されたものであり，彼らによって物理学は大きく進歩した．そして私もまた，電気力学現象の研究のすべてにおいてそのやり方を踏襲した．私はこれらの現象の法則を確立するためにもっぱら実験にもとづき，そこから私はその現象のもとにある力を表わす唯一の公式を導きだした．私は，この種のすべての研究は法則についての純粋に経験的な知識とこの法則から一義的に導き出される基本力の値とによって進められるべきこと，またその力の方向は力が作用しあう質点を結ぶ直線の方向であるということを確信しているので，**力の原因そのものを追求するようなことはしない**．（強調引用者）(10)

フーリエそしてアンペールへと受け継がれていったこの

態度転換を，はじめにそして最も顕著に表明したのがダランベールであった．彼によって「重力」は事実として認知され，その概念は操作的にのみ定義される関数概念・関係概念として力学に受け容れられてゆくことになる．

しかし，にもかかわらずダランベールがデカルト観念論に足を掬われ，力学原理を先験的に提起し，汎合理主義的な力学の構築を目論むにいたった所以を明らかにするのが本章の問題である．

Ⅲ 〈力〉の尺度をめぐる論争

ダランベールにとって重力は，ある関数形式 GMm/r^2 で与えられその効果が計算できるということだけで充分な根拠と真理性とを有するものであった．とすれば，物理学は，諸現象にあらわれる力の効果の諸関係の認識で満足すべきことになる．『百科全書・序論』では次のように語っている．

> これら〔地上〕の物体のうちに観察されるすべての属性は，相互間に多少の差はあれ，私たちの目にとまる諸関係を持っている．ほとんどの場合〔背後の力の認識には至らず〕*これらの関係〔自体〕*の認識ないし発見のみが，私たちが到達することのできる唯一の目標であり，したがって私たちが自分に課すべき唯一の目標である．(〔 〕*内訳者補)(11)

そして，実際に「〔背後の力の認識には至らず〕これらの関係〔自体〕の認識」に限定した力学理論を展開したものが，1734年弱冠24歳で出版した『力学論』であった．

ロックの経験論の立場に立って，「心の扉」を大きく開いておけばそれだけ多くの知識が集積されてゆくという——そのかぎりでは——静観的・受動的な立場を採るダランベールは，いま見たように，デカルト的な観念論的で天下りの体系を全面的に拒否する．『百科全書』の『体系』の項目には次のようにある．

> 体系とは，一般に原理と結論の集まり，あるいはつながりを言う．…… 経験と観察とが体系の素材である．また体系を作るのに必要な数の素材をあらかじめ用意しておかないで，急いで体系を作るほど，物理学において危険な，誤りに導く可能性のあることはない．……アリストテレス学派に続いて支配的となったデカルト学派は，体系に対する愛好を非常にはやらせた．現在ではニュートンのおかげで，人々はこの偏見からめざめて，経験にもとづき，正確で精密な推論によって経験を説明し，あいまいな説明によってはそうしないものでなければ，真の物理学としては認められないようになっている(12)．

オイラーが『自然哲学序説』でデカルトの向こうを張って論証的・演繹的に議論を展開しながら，途中で少しずつ経験に席をゆずり，結局最後には経験的事実にもとづいて ad hoc にエーテルを性格規定しなければならなくなったのにたいし，ダランベールはそのような中途半端な態度は採らない．

このように性急な体系化を否定するダランベールは，具体的な物理学上の諸問題については，たしかに形而上学的で大仰な言葉のまやかしには——それがデカルト流の明晰判明な第一原因から出発するものであれ，ライプニッツ流の論理学上の原理からのものであれ——もはや溺れることはない．

たとえば，デカルト派とライプニッツ派の間で半世紀近くにわたって続けられた「〈力〉の尺度」をめぐる論争にあっさりとケリをつけたのは，ダランベールである．

〈運動量〉を mv として導入したのはデカルトであった（ただし，彼の導入したものはスカラー量である）．そしてデカルトは，この量が不変に保たれること，したがって「〈力〉の尺度」としてこの量をとることを主張した．それはよいだろう．しかしその根拠たるや，「神は運動の第一原因であって，宇宙の中に常に同じ量の運動を保存している」という代物である．というのも，「神の完全性」とは「神がこの上なく恒常的で不変な仕方で働く」ことであり，「神が物質全体の内に常に同量の運動を保持している，と考えるのが理性に最もかなっている」からだとされる（『哲学原理』Ⅱ-36）．ここには物理学も経験や観察も存在しない．

他方でライプニッツは，『常に同一の運動の量が神によって保存されることが自然の法則であると主張し，その法則を力学にも誤用している，デカルトとその他によってなされた著しい誤謬についての短い証明』(13)という長いタイトルの論文で，「〈力〉の尺度」と考えられ保存されるべきものは〈活力〉つまり mv^2 であると主張する．いまでいう運動エネルギー（のちに $\frac{1}{2}$ をかけたのはコリオリ）である．ライプニッツは，永久運動があり得ないというところから，まだしも物理学的に論じている．

だが，ライプニッツの発想の根本はやはり一時代前のものである．彼はそれを『形而上学叙説』にも再録しているが，そこでは「物体の本性の一般的原理，さらにまた力学の一般的原理は幾何学的というよりもむしろ形而上学的であり，また物体的な，すなわち拡がりをもった塊りに属するよりもむしろ現象の原因である，不可分な形相ないし本性に属するようにますます思われてくる」と主張している．もともと「神はつねにもっとも善いもの，もっとも完全なものを目ざしているから，あらゆる現実的存在の原理や自然法則の原理は，目的因にこそ求めなければならない」と考えるのがライプニッツの立脚点なのである(14)．

われわれから見れば何とも珍妙な論争だが，この両派の主張のいずれが正しいかというのは，ニュートン力学受容後も学界を二分した大論争であった．大まかに見ると，イギリス，フランスはデカルト説に与し，ドイツ，オランダはライプニッツ説に与した．おもなところでは，ライプニッツ派にはJ．ベルヌイが，デカルト派にはクラークとマクローリンがいた．ちなみにヴォルテールは終始デカルト説に立ったが，例の恋人シャトレ公爵夫人は後にライプニッツ説に宗旨変えしてヴォルテールを悩ました．インテりのつらいところである.

しかしダランベールは，1758年の『力学論』第2版序文で，いかにも馬鹿馬鹿しいという口調で書いている.

ここ30年来，数学者達の間では，運動物体の〈力〉が質量と速度の積に比例しているのか，それとも質量と速度の2乗の積に比例しているのか，という問題について意見が分かれている．……この問題はいろいろと論争をひき起こしたのではあるが，それが力学に関して全く無益であるため，現在出版されている私の著書では，この点について何ら言及する気にはならなかったのである．しかしながら，私はこの学説を全く黙殺して通り過ぎることが出来るとは考えていない．というのも，ライプニッツがその発見を誇りとし，偉大なるベルヌイが学究的態度で巧妙に問題を掘り下げ，マクローリンがそれをくつがえすために全力を傾け，さらには数多くの著名な数学者の書物が出版されるに至り，その結果一般大衆までが関心を抱くようになったからである(15).

たしかに語るほどのことではない.

じっさい，いまから見れば，運動方程式

$$m\frac{d\boldsymbol{v}}{dt} = \boldsymbol{F}$$

を直接時間で積分すれば，

$$\Delta(m\boldsymbol{v}) = \int \boldsymbol{F}dt = \boldsymbol{F}\Delta t$$

であり（後の等号は $\boldsymbol{F}$ が一定の場合），空間で積分すれば，あるいは両辺に $\boldsymbol{v}$ をかけて積分すれば，

$$\Delta\left(\frac{mv^2}{2}\right)=\int(\boldsymbol{F}\cdot d\boldsymbol{r})=(\boldsymbol{F}\cdot\Delta\boldsymbol{r})$$

が得られる．前者は力によって加えられた「力積」が「運動量」の変化に等しいことを，後者は力によって加えられた「仕事」が「運動エネルギー」の変化に等しいことを表現している．したがって，対立はつまるところ「〈力〉の尺度」として「力積」をとるか「仕事」をとるかの相違でしかないように思われる．いずれにせよ外力が働かなければ，運動量も運動エネルギーも一定に保たれる．

しかし問題をこのように総括してしまうことは，きわめて現代的な発想なのであって，事態はそう単純ではない．

この奇妙な論争がニュートン力学受容後も続けられた背景には，ニュートン自身の曖昧さがあった．第8章Vで述べたようにデカルトもニュートンも，いまでいう「慣性」を「固有力」ないし「慣性の力」と捉え，「外力」と同列の「力」のカテゴリーに含めていた．「固有力」は物体に注入されたある量の「力」を表わしていたのである．

そして，このデカルト派とライプニッツの論争で「〈力〉の尺度」というときの〈力〉とは，どちらかというとこの「固有力」のことを指していたのだ．だからこそ，どちらが保存するのかが問題となる．じつをいうと，19世紀になっても，熱を含むエネルギー保存則——熱力学第1法則——を発見したヘルムホルツやマイヤーも「力（Kraft）」という言葉で「エネルギー」を指していたのであり，「力」という言葉の曖昧さは後々まで尾をひいた．

明らかに概念の混乱がある．ダランベールも言うように「〈力〉という語の用途をある効果を表現することに制限するとき以外は〈力〉という語について正確で明確な概念をもち得ないので，その点においては各人好きなように選ばせるべきであると思われる．そしてこの疑問は，まったく取るに足らない形而上学的な議論か，言葉に関する論争を除けば，もはやこれ以上哲学者たちの頭を悩ますには値しないであろう．」（『力学論』序文―傍点引用者）

とすれば，ダランベールの功績は，この論争を片づけたことよりも，概念を整理し，「固有力」というようなスコラ的で曖昧な代物――ダランベールにいわせれば「自ら光り輝く学問にたいして，ただ単に無知なる闇を投げかける，うすぼんやりした形而上学的実体にすぎないもの」（同上）――を力学から追放したことにあると言えるだろう（もっとも，第8章で述べたようにこの点はオイラーもはっきりしていた）．

Ⅳ　力の定義と運動方程式

それでは，われわれの言う「力」，すなわちニュートンの場合の「外力」は，ダランベールにとっては何であったのか．それを彼は「運動の原因」と呼ぶ．わざわざもってまわった表現をしているわけではない．

彼は次のように語っている．

物体の運動において明確に知ることのできるのは，物体がある一定の空間を横切って動くということ，およびその空間を横切るのに一定の時間を有するということだけである．もしも力学上のすべての原理を明瞭かつ正確な方法で論証したいと望むならば，それらの原理をこの考えのみから導き出さなければならない．（『力学論』）

つまり，経験論者たる彼にとって知りうるのは，加えられた力の結果としての運動または運動の変化だけでしかなく，逆に外力ましてやその原因などというものは直接的には知り得ないのだから，

$$\boldsymbol{F}=m\frac{d\boldsymbol{v}}{dt}$$

とは，力が与えられたときにその結果としての運動を決定するという意味の運動方程式ではなく，運動の変化が観測されたとき，その「運動の変化の原因」たる外力($\boldsymbol{F}$)，すなわち加速力（force accélératrice）を量的に定義する式にすぎない．要するに「力」とは $m\frac{d\boldsymbol{v}}{dt}$ なのである．いま引用した『力学論』の後には，次のように続いている．

したがって，こうした考察の結果，私が〈運動の原因〉からいわば目をそらし，その原因によって生ずる運動のみに着目したことは驚くにはあたらないであろう．（同上）

『百科全書』でも彼は，自らの提唱した力学を，「それは運動について，現実にあるもの，すなわち物体が通過する

空間と，それを通過するのに要する時間しか考慮に入れてはいない．それは作用とか，あるいは力とか，一言でいえばこれら第二次的な原理のいかなるものをも用いていない」[16]（『力学』項目）と語っている．

このような思想はそのままそっくりラグランジュあるいはラプラスに引き継がれてゆく．すなわちラグランジュは，『解析力学』の冒頭で，「一般に力とは，どのようなやり方であれ，その力が作用していると考えられる物体を運動させる原因，もしくは運動させようとする原因のことと解される．それゆえ力は，その生成された運動ないし生成されようとする運動の量によって評価されるべきである[17]」と語っている．また，わたくしは本書の第3章で，ラプラスに倣ってケプラーの法則から運動方程式を用いて重力を求めたが（前述，第3章II参照），これもダランベールの加速力の考え方と同じである．

たしかに「ニュートンの運動方程式」$m\frac{d\boldsymbol{v}}{dt}=\boldsymbol{F}$ は，通常，学校では，力が与えられたときにその結果としての運動を求めるための方程式のように教えられているけれども，論理学的に見るならば力の定義式と見た方がスッキリする．

この点ではニュートンもはっきりしない．『プリンキピア』の序文では，「理論力学は，どのような力にせよそれから結果する運動の学，またどのような運動にしろそれを生ずるのに必要な力の学問で，それを精確に提示するものでありましょう」と語っているが，これでは力と運動のいずれが先行するものかはまったく不明である．実際ニュートンの力学の論理学的構造においても循環論が認められる．ニュートンについては後であらためて見るつもりだが，ともかくもこの点を指摘したのがエルンスト・マッハとカール・ピアスンであった．

『プリンキピア』では，先に見たように，まずはじめに「定義Ⅳ」で，「外力とは，物体の状態を……変えるために及ぼされる作用である」とあり，そのあとで，有名な「第2法則」——「運動の変化は及ぼされる起動力に比例し，その力が及ぼされる直線の方向に行なわれる」——が出てくる．

マッハは，これをナンセンスと言いきっている．

> 第1法則と第2法則は，前の力の定義の中にすでに含まれていることはすぐにわかる．力の定義によれば，力が働いていなければ，加速度は生ぜず，したがって，静止あるいは一様な直線運動だけしか生じない．加速度を力の尺度と決めた後で，もう一度運動の変化は力に比例すると言うことは，全く不必要な同義反復である[(18)]．

言われてみれば，その通りの気がする．

もっとも，ニュートンの場合，彼の方法論が「さまざまな運動の現象から自然界のいろいろな力を研究すること，そして次にそれらの力から他の現象を説明すること」（『プリンキピア』序文）であるから，はじめに力を定義し，その後にあらためてこの力の効果を方程式として表わさねばならなかったのかもしれぬが，ともあれこれでは，議論は堂々めぐりせざるをえない．

ピアスンはもっとあからさまに批判している．すなわち『科学の文法』(1899) において彼は，「第 2 法則」を「まぎれもない形而上学的逆立ち」という．というのも，わたくしたちが知覚し観測するのは運動の変化だけであって，そのとき，その変化の方向に加速度に比例した力が働いていると推測するにすぎないからである．運動変化以外には力が働いていることを知りようがないのだから「この法則は，物理学的には，もっぱら力は運動におけるある変化の尺度であるということにすぎないと解釈すれば，わたくしたちはふたたび足で立つことになる(19)」．

マッハもピアスンも，レーニンに批判されて以来あまり評判がよろしくないから，別の人々にも語らせよう．

有名なそしてケンブリッジ衒学主義におかされたホイッタッカーの『解析力学論考』(1937) でも，先に加速度 $\boldsymbol{a}$ を定義し，その後で，「もしもベクトル $\boldsymbol{a}$ で表現される加速度が質量 m の粒子に何らかの作用因でひきおこされたならば，ベクトル $m\boldsymbol{a}$ が，この原因によりその粒子に作用する〈力〉と呼ばれる」とある（§21．原文では $\boldsymbol{a}$ の代りに f になっているが，通常使われている記号に合わせた）(20)．また，ラッセルの『数学原理』(1903) は数理論理学の書物だが，そこでも「第 2 法則はそのままでは無価値 (worthless) である．というのも，加えられた力については，それが運動をひき起こすこと以外には何も私たちは知らない．それゆえこの法則は同義反復のように見える」とある[21]．

マッハやピアスンからラッセル，ホイッタッカーに至るまでのこのような力の操作主義的解釈の系譜は，その源流にまで遡れば結局はバークリーあたりまでゆきつくのだろうが，しかしバークリーにおいては真の作用因としての神の存在によって議論が補完されているのだから，近代物理学において「力」を「加速力」に還元した端緒はダランベールだといってよい．

他方，近藤洋逸・好並英司著の『論理学概論』では，第2法則を力の定義と見るこのような見解に反論し，力のつり合いから力が定義でき，このようにして定義された力が加速度をもたらすのであるから，第2法則は運動方程式であると主張している[22]．しかしそのためには，先に静力学を展開しておかねばならないから，いずれにせよ，『プリンキピア』のようなゆき方をとるかぎり，第2法則はおさまりが悪い．

実際この問題はやっかいな問題である．そして本当のところは，ニュートン力学の範囲内では解けない問題と見なければならない．かりに，マッハやピアスンのように「第2法則」を「力の定義」だとしてみよう．ではそこから何か新しいことが予見できるだろうか．たとえば，「外力の和が0になるとき質点系の重心は等速度運動を続ける」という定理がニュートンの運動法則から証明できる（前述，

第10章Ⅱを参照）．しかし「外力の和が0である」ということが，結局は「重心が等速度運動をしている」ということからしか分からないとすれば，この「定理」はいかなる価値を持つのか．

というわけで，わたくしの見るところ，物理学の理論の組み立て方としてもっとも妥当な解答をしたのは，やはりファインマンだと思われる．彼の講義録では次のように語られている．

> 前述のニュートンの言い方は，たしかに力の最も精確な定義であるように思われ，**数学者にはアッピールする**ものである．しかしそれは，定義からはいかなる予言もできないがゆえに，まったく役に立たない．……
>
> ニュートンの法則の現実の内容は以下の通りである．すなわち，**力は，$\boldsymbol{F}=m\boldsymbol{a}$ という法則以外にある〈独立した性質〉を持つ**と考えられる．しかし，その力が持つ〈特殊な〉独立した性質はニュートンや他の誰かの法則によっては完全には記述されないものであり，したがって物理法則 $\boldsymbol{F}=m\boldsymbol{a}$ は不完全な法則である（〈　〉内は原著イタリック体の強調，太字の強調は引用者による）[(23)]．

この，$\boldsymbol{F}=m\boldsymbol{a}$ という表現だけでは記述されない力の性質の一つとしてファインマンが挙げているものは，重力にせよ静電気力にせよともかくも力は〈物質的起源〉を持つということである．したがって，「力学が自然の記述であるかぎり，$\boldsymbol{F}=m\boldsymbol{a}$ を，すべてを純粋に数学的に演繹し力学を数学理論としてしまうところの単なる定義と呼ぶことはできない」（ファインマン）のである．要するに力とは力学理論にたいして外在的で偶有的なものなのである．

数学者ワイルは，ファインマンと少々立場が異なるが「「（力）＝（運動量の時間に関する導関数）」という定義は力の本性を適切に反映しない，真の事態はむしろ逆である，すなわち力は諸物体をその内的性質とそれらの相対的位置および運動に従って結合する一つの独立な能力を表わすものであり，その能力が時間とともに運動量の変化を惹き起こすという結論は避けられない」として，ファインマンと同様の結論に達している．ワイルによればこのような力の解釈は「力の生ける形而上学」ということになる[(24)]．

結局ここまできて重力は，操作的概念ではなくなり，もう一度存在論上の問題に関わらせられることになる．

じつはニュートン自身もこの点は相当痛烈に意識していたようだ．ニュートンの「力」の定義ⅢとⅣはすでに見たが（第３章Ⅰのはじめ），その後に「向心力」について定義がⅤ～Ⅷまで続いている．ここでいう「向心力」には重力や磁力が含まれ，物体を曲線に沿って動かす力である．すでに定義Ⅳで述べた「外力」のなかに打撃や圧力とならんで「向心力」を含めているのに，あらためて「向心力」だけをとり出して定義し直すのも妙な気がするが，それはニュートンにとって「向心力」が最大の関心事であったという心理学的解釈でお茶を濁すことにして，問題なのは，定義Ⅵ～Ⅷである．ニュートンは，

> **定義Ⅵ** 向心力の絶対量（quantitas absoluta）とは，力の原因がそれを中心からまわりの領域中に伝える効果の大小に比例する，向心力の測度である．
>
> **定義Ⅶ** 向心力の加速量（quantitas acceleratrix）とは，この力が与えられた時間内に生ずる速度に比例する，向心力の測度である．
>
> **定義Ⅷ** 向心力の起動量（quantitas motrix）とは，（この力が）与えられた時間内に生ずる運動に比例する，向心力の測度である．

と述べ，「力についてのこれらの量を簡単のため起動力，加速力，絶対力と呼ぶ」と約束したあとで，この「絶対力(vis absoluta)」について，

> 絶対力は，ある付与された原因，それがないとしたら起動力がまわりの領域中に伝えられないようなものとして，その中心に関係させるのである．その原因が，ある中心的な物体〔磁気力の中心にある磁石とか，重力の中心にある地球とか〕であろうと，まだ現われていない他のなにものかであろうとかまわない（〔 〕内は原典のもの）[25]．

と注解している．つまり，「加速力」や「起動力」とちがって「絶対力」は力の存在論的起源に関わる側面を問うているのである．しかもその後に，「ここ〔『プリンキピア』〕では，（力の）数学（的概念）がとりあげられているにすぎない．わたくしはいま，**力の物理的な原因や所在を考察しているのではない**からである」とつづけることによって，『プリンキピア』の論述範囲を限定し，「絶対力」

の問題を議論の対象から外している．もちろんニュートンは，自然哲学――物理学――全体のなかで「絶対力」――つまり力の存在論――を扱わなくともよいとは決して思っていない．ただ「数学的原理」の範囲からは除外したにすぎないのだ．

問題はニュートン以来の持ち越しになっていたのである．オイラーの孤独な努力も何らの解決をもたらさなかったのだ．

V　デカルト的汎合理主義の復活

しかるに，重力の成因をめぐる問いを積極的に却下したのはダランベールであった．ダランベールの力学は，かかる「力の形而上学」を拒否し「力の物質的起源」を捨象し，もっぱら「その原因によって生ずる運動のみに着目」することによってはじめて成り立っている．彼にいわせれば，「力という語によって，物体に存するいわゆる実体を説明しようとするものではなく，ただ単に，事実を説明する簡便な方法としてのみこの語を用いるものとする」（『力学論』）のである．

そのために，経験論者である彼の力学が，経験論に立脚するがゆえに，ファインマンが指摘した「力学を数学理論に還元し」「すべてを数学的に演繹する」数学者好みのきわめて公理論的な構造を持つという，一見したところ逆説的な事態が生ずることになる．ここにドンデン返しの謎の一つが在る.

実際ダランベールは『力学論』において，ニュートンの第2法則を基礎に採用せず，つりあいの法則，慣性の法則，運動の合成法則を基礎にとり，そこから先は演繹的に議論を展開している．その叙述はきわめて公理論的で，経験は公理の採択や概念の構築という局面においてのみ役割を演じているにすぎない．「イギリス人は力学を実験科学として教授している．大陸では力学を多少の相違はあっても，いつも演繹的な，アプリオリな科学として叙述している」といったのはポアンカレであるが(26)，実際，経験論者ダランベールもまた，こと力学に関しては大陸の伝統に忠実であったと言えよう．

ここで，話の順序からすれば『力学論』の中身，なかんずく〈ダランベールの原理〉の検討に向かうべきかもしれないが，それは次節にまわし，ダランベールにおける力学の位置づけを追ってゆこう．というのも，彼の力学が公理論的構造を持つのは，彼が「運動変化の原因としての力」ないしは「物質的起源を有する力」を理論の外部に押し出したことの結果であると同時に，彼の学問観そのものにも由来しているからである．

ダランベールの学問観は，自身が執筆した『百科全書』の『序論』の「どんな学問ないし技術にしても，それの諸命題ないしは諸規則を単純な諸概念に還元し，それらをこの単純な諸概念間のつながりとして，きわめて直接的でその鎖のどこにも切れ目のない順序に配列できないものはほとんどない[27]」という一節によく表現されている．しかしこれは，端的にいってデカルトの論証的で演繹的な学問観をそっくり継承したものといえよう．

もちろん「経験論者」としてのダランベールにとって，諸学問の成立や歴史的形成過程のとらえ方は，デカルトのものとは異なっている．それは『序論』の「私たちの諸知識の系譜と家系」を吟味することを目的とした第一部に見出される．

ここでは，はじめにロックを踏まえて感覚一元論の立場が述べられた後に，つぎのように議論が展開されている．

まずわれわれは，感覚するわれわれ自身の存在と外的事物の存在を知ることになり，同時に類推によって他の人間の存在をも知る．そこからまた言語や倫理へと――あくまでも出発点は感覚的経験にもとづく――認識は発展し，他方，自己保存のための技術的知識として農業と医学が生まれ，また，なかば「有用性」となかば「純粋の好気心」から自然学が生まれる．

さて，われわれの感覚する自然における物体はきわめて多くの属性を持っているけれども，それらの諸属性を分離してゆけば，すべての物体に属している性質として「運動する能力ないし静止し続ける能力，さらに運動を伝達する能力」が得られる．そしてこの基本的な性質，とりわけ「運動伝達能力」は，――ダランベールによれば――窮極的には物体の「不可透入性」に依ることがわかる．そして「空間」は，この「不可透入性」を持たないという一点によって物体とは区別される．こうしてダランベールは，彼が批判してやまなかったオイラーと結局は同じところに舞い戻ってしまう．そして「不可透入性」に至るまでのいっさいの感覚的属性を物体から取り去ることにより，一定の形と延長のみを持つ空間の部分という「物体を考察する場合の最も一般的かつ抽象的観点」が得られる．ここに，「たんに一定の形を持つかぎりにおける延長の諸属性を明らかにする」学問としての「幾何学」が生じる．次に，幾何学的物体の比例関係の探究から「算術」が，またこの算術的計算を一般化された記号表現で行なう学問としての「代数学」が生じる．

ダランベールは，感覚される自然の諸属性を分別することにより「不可透入性」と「延長」とに達し，他方デカルトは，「明晰判明」な概念としていきなり「延長」を措いた．しかし，ひとたび「延長」に到達してのちのダランベールの議論の展開は，もちろん物体的延長と空間的延長とを同一視しないというような点では異なっているにせよ，なんともデカルト的・先験的なのである．先にのべたデカルトを継承した彼の学問観のしからしめるところである．デカルトは物体的延長と空間とを同一視したことによって力学を幾何学に還元してしまったが（前述，第5章Vの引用参照），ダランベールはどうか．

彼は，ここであらためて「物理的物体を成り立たせるものであって，さきに私たちが物体からはぎ取っていった感覚的性質の最後のものであった不可透入性」を延長に返すことによって「力学」が生まれるとする．

> この新たな考察〔すなわち，不可透入性の物体への返却〕が物体相互間の作用の考察をひき起こす．なぜなら，諸物体は不可透入的であるかぎりにおいてのみ作用しあうからである．そしてそこからこそ「力学」の対象たるつりあいと運動の諸法則が演繹される(28)．（『百科全書・序論』）

とすれば，力学の経験的基礎とは，すべての物体が「不可透入性」を持つという認識の一点に収斂するのである．他方で彼は力の実体的起源を問わないのだから，それ以外の展開は幾何学と同様に公理論的・演繹的なものとならざるをえない．結局ダランベールにとって力学は経験科学や実験科学ではなく混合応用数学（mathématique mixte et appliqué）なのである．力学の原理の普遍必然的真理性という先験主義への途がここに開かれる．

もちろんダランベールは，すべての自然学が力学あるいは力学の上に作られた天文学と同様であるとはいわない．たとえば磁性のような物体のもろもろの属性についての学問は「一般実験物理学」に含まれ，それらの方法は枚挙的で帰納的なものでなければならないという．すなわち「〔これらの学問においては〕私たちに残されている唯一の方策は，可能なかぎり数多くの事実を蒐集し，最も自然な順序に配列し，いくつかの数の基本的事実に帰着させることである．もし私たちが時としてこれよりもっと高くのぼることを敢えてするときには，私たちの視力のようなこんな弱い視力に充分にふさわしいあの賢明な慎重さをもってしてほしいものだ」と彼は諭している[29].

こうして学問の分類において，力学を含む数学と他の自然学との間に一線が引かれることになる．それらは，方法においてのみならず，確実性や明証性においても異なることになる．

> 数学の全部分が同じ単純さのひとつの対象を持つわけではないから，厳密な意味での確実性——つまり**必然的に真でそれ自身によって明証的な諸原理に基づいた確実性**——もまた，それらの全部分に同等に属するのでも同じ仕方で属するのでもない，ということである．それらのうちのいくつかは，物理学的諸原理，すなわち経験上の諸真理もしくは単なる諸仮説，を土台として建てられる部分であるので，いわば，経験の確実性をしか持たぬか，もしくはさらに悪く，純然たる仮定の確実性しか持たぬかなのである．**明証の刻印が押されたものとみなされるのは**，厳密にいえば延長の諸量および一般的諸属性〔運動能力，慣性，運動伝達能力のこと〕の計算を扱う学，すなわち**「代数学」「幾何学」および「力学」しかない**[30]．（同上，強調引用者）

こうして，こと力学に関しては，一見したところダランベール自身が称揚しているロックの経験論とはまったく相反する位置づけを与えることになる．

この逆転劇の謎は，じつは物理学における「経験」の概念そのものにもひそんでいる．ダランベールがロックの感覚一元論を語っているところでは，それは自然にたいするきわめて静観的・受動的な態度のようであるけれども，しかし彼が現実に論じている物理学の経験的事実とは，数学的・幾何学的概念で読み込まれ表現された経験である．たとえばニュートンが重力を導き出すときに依拠した観測事実は，網膜に映る光る点としての惑星ではもちろんなく，ケプラーの3法則，すなわち，楕円，面積速度，周期や長半径の巾乗という厳密に定義された数学的概念で表現された事実である．

この数学的概念がいかなる権利を持って自然認識を可能ならしめるのかということが認識論上の問題になったのは，カント以降の話だ．デカルトにしてもそうだが，ダランベールにとって，すでに力学の出発点で，延長と慣性とを持つ物体の位置変化というかたちで力学の対象の数学的・幾何学的均質化がなしとげられているかぎり，少なくとも力学については，抽象的な数学的概念で操作するものであることは当り前のことであった．

しかるに，数学的概念というものは，個々の経験から帰納されたのではない．楕円の諸属性は，個々の楕円を数多く観察して得られたのではなく，定義から演繹的に導き出されたものである．そして「最も抽象的な概念　……が，しばしば，最も明るい光を帯びた概念なのであり，私たちがひとつの対象において吟味する感性的属性が多くなるに比例して，暗さ〔曖昧さ〕が私たちの観念をとらえるのである(31)．」(『百科全書・序論』)

そして，力学がこのような数学的概念によって操作する学問であるかぎり，それは「たったひとつの観察から，確実性の点において幾何学的真理のごく間近に迫る諸帰結を演繹する[32]」ことのできるものであり，したがってそれは先験的にして普遍必然的な明証性を持つと看做されるのも当然のことであった．

他方，磁性やその他についての「一般実験物理学」は，それらの物質の諸属性がいまだに数学的概念で捉えきれないかぎりにおいて，明証性を欠いていたのである．

Ⅵ 力学的世界像の提唱

かくして，方法論的にも認識論上も重力の成因などにわずらわされなくなったダランベールによって，ニュートンの力学の思想的枠組みは換骨奪胎され，一見したところ経験論者ダランベールの立場とはまったく相反するはずのデカルト的汎合理主義の思想の内に組み込まれてゆくことになった．性急な体系を拒否したダランベールであるが，ニュートンの重力理論のあまりにも美事な成功の前に，彼もまた体系の誘惑に屈服したといえよう．冒頭に引いた『哲学綱要』での「世界の真の体系が発見された」というダランベールのニュートン讃歌がそれを証示している．

もっともこのことは，時代の風潮でもあったようだ．桑原武夫編集の『フランス百科全書の研究』によれば，同時代の哲学者コンディヤックの『体系論』(1749) では，デカルトの形而上学を例とする「抽象的体系」，デカルトの自然学を例とする「仮説の体系」を拒否すべきものとしているが，他方，第三の体系があり，それは抽象的公理でもなく仮説でもなく，「ニュートンの重力」のごとき「確証された事実」にもとづく体系であり，これこそが「真の体系」にして哲学がめざすべきものであると主張されている．

ニュートンの重力論はもはや「確証された事実」の地位を獲得し，力学の諸前提は「それ自身で明証的な」すなわち自明な公理なのであった．したがって数多くの自然諸学のうちで力学および力学の上に作られた天文学だけは別格に扱われる．ダランベールは語る．

それゆえ自然学は，結局はもっぱら観察と計算とになる．医学は人間身体，それの病気と病気の薬剤の歴史に，博物学は植物・動物・鉱物の詳細な記述に，化学は物体の実験的な合成と分析に，それぞれなる．一言で言えば，これらすべての学問は可能な限りの諸事実とそれらから演繹される諸帰結とに限られ，ただやむをえぬ時のほかは，〔臆測的な〕見解をひとつも許してはならないのである．私は**数学・天文学・力学のことはいわない**．これはその本性上常にますます完成されてゆくにきまっているからである(33)．（『百科全書・序論』強調引用者）

こういう立場に立てば，力学が「体系的・演繹的」に完成されたものとしてふるまうのみならず，他の経験諸科学の上に君臨しそれらを領導する科学と看做されることは必定である．すべての自然学は，力学を模範とし，また力学により基礎づけられるべきものと考えられるようになる．

ここに，ダランベールにおいてはじめて，力学的自然観・力学的世界像が提唱されるに至った.

> 力学は自然学の基礎である. …… 事実, あらゆる自然現象, 物体系において起こるすべての変化は, 運動に帰せられるべきであり, 運動の法則によって規制される. (『百科全書』「運動」項目).
>
> この引力の原理だけからして, 私たちは生産, 発生, 類化のような, 物体内で起こる大多数の変化, 一言をもってすれば, 化学の驚嘆すべき全操作の説明を期待しうる (同上, 「引力」項目)(34).

これは「力学的世界像」の明確なる宣言である.

ここではじめてわたくしは「力学的世界像」という言葉を用いた. すでに第2章で断わっておいたように (第2章Ⅳはじめ, および第5章Ⅷはじめ参照), 本書でわたくしは, 「機械論的世界像」と「力学的世界像」とを——欧文 (英独仏) ではいずれも mechanical view of the world, mechanische Weltansicht, vue mécanique du monde と同一の言葉が用いられるが——区別して用いている. 前者は, 幾何学的に均質化され**自然力を喪失した**諸物体の相互配置と運動のみから自然現象を捉えようとするもので, 互いに立場を異にするとはいえガリレイおよびデカルトに代表されている. いずれにせよそこでは「力」は被説明事項としてのみ自然学のなかに位置を得る.

他方, 後者の「力学的世界像」は, 効果においてのみ測定され数学的関数形式で表わされる力を——それ以上その成因を問うことなく――容認し，その力と運動法則から力学を構成するものであり，同時に，そのように構成された力学が論理構成において物理学の他の分野の首位に立ち，かつ他のすべての経験諸科学を基礎づけると看做す立場である．これはダランベールにはじまる．「力」と「運動」がすべての自然現象の解明にたいする基本概念とされていることが，いま引いた『百科全書』の二項目から明瞭に読み取れるであろう．もちろんダランベールの場合，「力」とは「(質量)×(加速度)」で定義されるものであるが．

しかし，その力学的世界像が物質化され市民権をうるためには，力学の基礎方程式の汎用化と，当時残されていた太陽系をめぐる諸問題の力学的解明がどうしても必要であった．それを成し遂げたのはラグランジュとラプラスであり，とりわけ，ラプラスによる太陽系の安定の力学的証明であった．そこから，力学的決定論と力学的汎合理主義への途が開けることになる．

次章では，残しておいたダランベールの原理から，力学の基礎方程式の汎用化としてのラグランジュの解析力学への発展をたどる．それは，残存する神学的・形而上学的夾雑物を力学から最終的に掃蕩する過程でもあった．

第12章　ラグランジュの『解析力学』

I　ダランベールの原理

ダランベールが「力学は自然学の基礎である．あらゆる自然現象は運動の法則によって規制される」と語ったとき，「力学的世界像」の旗が振られたのだが，しかしまだそれは，ダランベールの期待表明でしかなかった．ダランベール自身，たとえ物理学に話を限定しても力学以外の分野はいまだに事実の蒐集と整理の段階にあることを自覚していたし，性急で天下りな体系化をくりかえし戒めていたのだ．この「力学的世界像」が物質化されるための第一関門は，「運動の法則」を「あらゆる自然現象」に適用しうるものとすること，つまり力学の基礎方程式の一般的適用可能化——汎用化にあった．

ダランベールの作った力学は，物体を不可透入性を持つ幾何学的物体と捉えることにもっぱら基づいているのであり，たとえ表現様式や計算手段が解析的であったにしても幾何学的描像に密に結びついていた．したがってそれは，視覚的にも幾何学的像の描きうる力学的物体にたいしてしか用いえないものであった．この点ではオイラーの力学も完璧に解析的とはいいがたい．

この力学の一般的適用可能な定式化は，ラグランジュが〈解析力学〉を作り上げることによってはじめて達成された．それは，解析学の見事な成功であり，ハミルトンは「科学詩の一種である」とまで評している．そしてこの〈解析力学〉によってはじめて，一般化座標と一般化力を用いたまったく解析的な方程式が得られ，それまでの力学にまとわりついていた幾何学的描像が一掃されたのである．じっさい，19世紀になってヘルムホルツらの力学論者が電気力学を力学に還元しようとしたときに用いたのが，このラグランジュの方程式であった．そしてラグランジュの理論とともにオイラーやダランベールには不可欠であったケース・バイ・ケースの工夫の才も不必要になった．

ラグランジュによる解析化の意図は，彼の著書『解析力学』初版の「はしがき」の次の一節：

> 読者は本書に幾何学的図形がまったくないことに気付かれるであろう．私が呈示した方法は，作図も幾何学的ないし機械論的論証も必要とせず，もっぱら代数学的な，規則的で単純な操作にしたがう演算だけしか必要としない．

によく表現されている．そしてこの同じ文句は第2版の「はしがき」にも用られている．彼はニュートンからオイラーまでの幾何学的手法を意図的に排したのである(1)．

この『解析力学』の初版出版は1788年，ニュートンの『プリンキピア』から101年，そしてフランス革命の前年であった．すでに啓蒙主義の時代は通り過ぎつつあった．しかしそのあたりの話は後にまわして，本章は物理学に話題をしぼろう．

ラグランジュが『解析力学』において基礎にとったのは，つりあいに関する「仮想速度（仮想変位）の原理」と動力学についての「ダランベールの原理」である．ラグランジュが述べている「ダランベールの原理」は，彼自身が手直しして再定式化したものであり，実際もともとの提唱者（ダランベール）による表現ではわかりにくいし，使いにくい代物である．

しかし，話を前章から持ちこしていることもあり，ダランベールの力学思想に再照明を当てるためにも，ダランベール自身が『力学論』で述べたものから見てゆくことにしよう．

前章で述べたが，経験論者ダランベールは力——運動の原因——というものを導入せず，「その原因によって生ずる運動のみに着目する」．したがってダランベールにとっては，力学理論は運動の原因がわからなくとも成立しうるべきものでなければならなかった．すなわち「私たちの〔力学的〕探究は，未知の動かす力ないし原因で活動させられている物体の運動にまですら，この原因が働くさいに従う法則が知られているかあるいは知られると仮定さえすれば，おし拡げられる」（『百科全書・序論』）のである．

このようなものとしてのダランベールの力学において，動力学の原理——すなわちニュートンの第2法則——に該当するものは何か．これこそが有名な「ダランベールの原理」であって，それは経験論的立場と公理論的方法のきわどい精妙な融合によって生み出されたものと言える．

ダランベール自身の手になる原理の表現は，わたくしたちには馴染みにくいものだけれども，まずはそれを解きほぐしてゆこう．この原理が出てくるのは『力学論』第2章のはじめであり，そこではまずはじめに「運動」および「運動の量」が定義される．すなわち，

定義

以下において，ある物体の速度を，その方向を含めて考えて，その物体の〈運動（mouvement)〉と呼ぶ．また〈運動の量（quantité de mouvement)〉とは，通常のように，質量と速度の積を意味する．

そして，ダランベールは問題を次のように設定する．

ある仕方で互いに配置された物体の系が与えられたとせよ．これらの物体のそれぞれにある一定の運動を刻み込む(imprimer）とせよ．それぞれの物体はその〔相互〕作用のためにその刻み込まれた運動にひきつづいて従うことはできないであろう．〔その場合に〕各物体がとらなければならない運動を見出すこと．（〔　〕内引用者の補い）

この問題の解として，彼の原理が述べられている．少し長いが全文引用してみよう．なお，以下の引用で，原文で「運動（または衝撃）a」とあるところは，事実上「運動

量」を表わしているので，少々現代風に「運動（または衝撃）$\varDelta\boldsymbol{p}_{\mathrm{A}}$」とし，同じく「運動a」「運動α」を「運動$\varDelta\boldsymbol{p}_{\mathrm{A}}^{(0)}$」「運動$\varDelta\boldsymbol{p}_{\mathrm{A}}'$」と書き換える．

A, B, C, ……がこの系を成す物体であるとし，これに運動$\varDelta\boldsymbol{p}_{\mathrm{A}}, \varDelta\boldsymbol{p}_{\mathrm{B}}, \varDelta\boldsymbol{p}_{\mathrm{C}}$, ……を刻み込んだところ，それらの物体はその運動をその相互作用によって運動$\varDelta\boldsymbol{p}_{\mathrm{A}}^{(0)}, \varDelta\boldsymbol{p}_{\mathrm{B}}^{(0)}, \varDelta\boldsymbol{p}_{\mathrm{C}}^{(0)}$, ……に変えることを強いられたとする．明らかに物体Aに刻み込まれた運動$\varDelta\boldsymbol{p}_{\mathrm{A}}$を，それが〔実際に〕行なう運動$\varDelta\boldsymbol{p}_{\mathrm{A}}^{(0)}$と他の運動$\varDelta\boldsymbol{p}_{\mathrm{A}}'$とから合成されたものとみなすことができる．同様に，運動$\varDelta\boldsymbol{p}_{\mathrm{B}}, \varDelta\boldsymbol{p}_{\mathrm{C}}$, ……も運動$(\varDelta\boldsymbol{p}_{\mathrm{B}}^{(0)}, \varDelta\boldsymbol{p}_{\mathrm{B}}')$, $(\varDelta\boldsymbol{p}_{\mathrm{C}}^{(0)}, \varDelta\boldsymbol{p}_{\mathrm{C}}')$, ……から合成されたものとみなすことができる．このことからして，物体A, B, C, ……の運動は，衝撃（impulsion）$\varDelta\boldsymbol{p}_{\mathrm{A}}, \varDelta\boldsymbol{p}_{\mathrm{B}}, \varDelta\boldsymbol{p}_{\mathrm{C}}$, ……のかわりに二重の衝撃$(\varDelta\boldsymbol{p}_{\mathrm{A}}^{(0)}, \varDelta\boldsymbol{p}_{\mathrm{A}}')$, $(\varDelta\boldsymbol{p}_{\mathrm{B}}^{(0)}, \varDelta\boldsymbol{p}_{\mathrm{B}}')$, $(\varDelta\boldsymbol{p}_{\mathrm{C}}^{(0)}, \varDelta\boldsymbol{p}_{\mathrm{C}}')$, ……をそれらに同時的に与えたとした場合と同じであるということになる．ところで前提により，物体A, B, C, ……はそれ自体では運動$\varDelta\boldsymbol{p}_{\mathrm{A}}^{(0)}, \varDelta\boldsymbol{p}_{\mathrm{B}}^{(0)}, \varDelta\boldsymbol{p}_{\mathrm{C}}^{(0)}$, ……を〔実際に〕行なったのであるから，運動$\varDelta\boldsymbol{p}_{\mathrm{A}}', \varDelta\boldsymbol{p}_{\mathrm{B}}', \varDelta\boldsymbol{p}_{\mathrm{C}}'$, ……は，運動$\varDelta\boldsymbol{p}_{\mathrm{A}}^{(0)}, \varDelta\boldsymbol{p}_{\mathrm{B}}^{(0)}, \varDelta\boldsymbol{p}_{\mathrm{C}}^{(0)}$, ……においては何もしないもの，つまり物体〔の系〕が運動$\varDelta\boldsymbol{p}_{\mathrm{A}}', \varDelta\boldsymbol{p}_{\mathrm{B}}', \varDelta\boldsymbol{p}_{\mathrm{C}}'$, ……だけしか受けなかった場合には，それらの運動は〔物体間の相互作用ないし束縛の条件によって〕互いに打ち消し合って物体の系は静止状態を続けるようなもののはずである．

以上より，相互に作用し合う多数個の物体の運動を見出すための以下の原理が結果する．それぞれの物体に刻み込まれた運動$\varDelta\boldsymbol{p}_{\mathrm{A}}, \varDelta\boldsymbol{p}_{\mathrm{B}}, \varDelta\boldsymbol{p}_{\mathrm{C}}$, ……をそれぞれ二つずつの他の運動$(\varDelta\boldsymbol{p}_{\mathrm{A}}^{(0)}, \varDelta\boldsymbol{p}_{\mathrm{A}}')$, $(\varDelta\boldsymbol{p}_{\mathrm{B}}^{(0)}, \varDelta\boldsymbol{p}_{\mathrm{B}}')$, $(\varDelta\boldsymbol{p}_{\mathrm{C}}^{(0)}, \varDelta\boldsymbol{p}_{\mathrm{C}}')$, ……に分解する．ただしこれらの〔分解された〕運動は，〔物体間の相互作用がないものとして〕物体に運動$\varDelta\boldsymbol{p}_{\mathrm{A}}^{(0)}, \varDelta\boldsymbol{p}_{\mathrm{B}}^{(0)}, \varDelta\boldsymbol{p}_{\mathrm{C}}^{(0)}$, ……だけを刻み込んだならば，系は互いに〔他の物体の運動を〕阻止し合うことなくこの運動を保存することができるであろうし，また，これらの物体に運動$\varDelta\boldsymbol{p}_{\mathrm{A}}', \varDelta\boldsymbol{p}_{\mathrm{B}}', \varDelta\boldsymbol{p}_{\mathrm{C}}'$, ……だけを刻み込んだならば，

〔これらの運動は相互作用によって打ち消し合い〕系は静止を保つであろうようなものである．明らかにこの場合，$\Delta\boldsymbol{p}_{\mathrm{A}}^{(0)}$, $\Delta\boldsymbol{p}_{\mathrm{B}}^{(0)}$, $\Delta\boldsymbol{p}_{\mathrm{C}}^{(0)}$，……が〔外からの衝撃と物体間の〕相互作用によって物体が〔実際に〕行なう運動であろう．これが与えられた問題の解である．（文中の点線は原文ママであって引用を飛ばしたところではない．また〔　〕内は引用者の補い．）[2]

一度くらい読んだだけでは何のことかよくわからない．もともとダランベールにとっては，力というものは加速力 $\dfrac{\Delta\boldsymbol{p}}{\Delta t}$ として定義されたということを思い出してもらいたい．したがって，ここには「原因」としての力は登場せず，結果としての運動（の変化）のみが登場する．しかし裏返せば，たとえば物体が Δt 時間に $\Delta\boldsymbol{p}^{(0)}$ の運動量変化を実際に得たとしたならば，物体には正味 $\dfrac{\Delta\boldsymbol{p}^{(0)}}{\Delta t}$ の力が働いていたということになる．そこでわたくしたちに読み易くするには――ダランベールの思想にはいささか悖るけれども――「運動」を「力」に置き換えてみるとよい．現代風に言うならば，物体 A に運動 $\Delta\boldsymbol{p}_{\mathrm{A}}$ を課するとは，外力 $\boldsymbol{F}_{\mathrm{A}}$ を Δt 間加えてその結果――もしも物体 A が自由な質点であれば――運動量の変化 $\Delta\boldsymbol{p}_{\mathrm{A}}$ が生ずる，つまり，

$$\boldsymbol{F}_{\mathrm{A}}\Delta t = \Delta\boldsymbol{p}_{\mathrm{A}} \tag{12-1}$$

ということである．ここで力 $\boldsymbol{F}_{\mathrm{A}}$ は，実際に A を自由に運動させたならば，つまり他物体からの相互作用や束縛を無くして運動させたならば，その結果得られる $\Delta\boldsymbol{p}_{\mathrm{A}}$ から

求められるはずであり，経験的に知りうるという意味で導入することは不都合ではない．

しかるに物体系は現実には相互に作用しあっている．物体同士がたとえば棒や糸で結びつけられていることによって相互の距離が一定に保たれているとか，あるいは物体がある面上を動くとかの様々な条件に従っているならば，その条件に物体を束縛するための力（糸の張力や面の抗力）が働いている．面の抗力はダランベールのいう「不可透入性による作用」である．これらの束縛力（拘束力）は，外から $\boldsymbol{F}_{\mathrm{A}}$ を加えた結果として生ずるのであり，通常は未知で問題を解いてはじめて得られるものである．しかもその効果は，直接には顕われてこない．したがってダランベールの経験論的立場からは，こういう力を用いることはできない．そこで今かりにその束縛力を $\boldsymbol{F}_{\mathrm{A}}'$ と表わすならば，現実の物体に働く力は $\boldsymbol{F}_{\mathrm{A}}+\boldsymbol{F}_{\mathrm{A}}'$ であって，そのために物体が実際に得る運動量を $\Delta\boldsymbol{p}_{\mathrm{A}}^{(0)}$ とすれば，

$$(\boldsymbol{F}_{\mathrm{A}}+\boldsymbol{F}_{\mathrm{A}}')\Delta t=\Delta\boldsymbol{p}_{\mathrm{A}}^{(0)} \tag{12-2}$$

となるであろう．

いま，はじめに導入した運動量――つまり束縛がなかったとすれば力 $\boldsymbol{F}_{\mathrm{A}}$ によって得るであろう運動量――を $\Delta\boldsymbol{p}_{\mathrm{A}}=\Delta\boldsymbol{p}_{\mathrm{A}}^{(0)}+\Delta\boldsymbol{p}_{\mathrm{A}}'$ と分解すれば，上記2式の差をとって，

$$\boldsymbol{F}_{\mathrm{A}}'\Delta t=-\Delta\boldsymbol{p}_{\mathrm{A}}' \tag{12-3}$$

となる．そこで，物体Aに――もしもAが自由であれば―― $\Delta\boldsymbol{p}_{\mathrm{A}}'$ の運動量を得させるであろう力，すなわち

$-\boldsymbol{F}_A{}'$ を加え，またBに $-\boldsymbol{F}_B{}'$，……の力を加えたならば，それらすべてが束縛の条件によって打ち消し合うことになり系は静止を保つ──つりあう──ことになる．

というわけで問題は，自由な質点系ならば $\Delta\boldsymbol{p}_A, \Delta\boldsymbol{p}_B$ ……の運動量変化を与えるであろうような力 $\boldsymbol{F}_A, \boldsymbol{F}_B$ ……を加えたときに，$\Delta\boldsymbol{p}_A, \Delta\boldsymbol{p}_B$ ……をうまく分割して，束縛の条件によって打ち消し合う部分 $\Delta\boldsymbol{p}_A{}', \Delta\boldsymbol{p}_B{}'$ ……を引き去り正味の変化 $\Delta\boldsymbol{p}_A{}^{(0)}, \Delta\boldsymbol{p}_B{}^{(0)}$ ……を求めればよいということになる．

しかし率直にいって，これだけでは使いものにならない．というのも，$\Delta\boldsymbol{p}_A$ の分割の仕方はケース・バイ・ケースに工夫しなければならないし，多くの場合，他の方法で問題を解いてはじめてわかるようなものでしかない．そこで改めて次節でラグランジュのゆき方に倣って〈ダランベールの原理〉を再定式化してみよう．そしてその方がまたダランベールの真意がよくわかるのである．

Ⅱ　ラグランジュによる再定式化

ラグランジュは『解析力学』の第１部を静力学に充て，その第１章で静力学の諸原理の発展の歴史を述べたのちに，静力学の原理を「仮想速度の原理（principe des vitesses virtuelles）」に総括している．すなわち「私の信ずるところでは，つりあいの科学において今後一般原理が見出されるとしても，それは仮想速度の原理と同じものであって，ただその捉え方と表現が異なるにすぎないといってよかろう」と．

その原理は，ラグランジュによれば次のように表わされる．

> それぞれなんらかの力により引かれている任意個の物体または質点より成る一つの系がつりあいにある場合，この系になんらかの小さな運動〔速度〕を与え，その結果各質点が無限小の距離――この距離が仮想速度の測度を表わす――を通過するとしたならば，力が作用している点がその力の方向に経過した距離とその力の積の総和はつねに零に等しい．ただし，その微小距離は力の向きに経過したときには正，力と逆の向きのときには負と看做すものとする．（第1部・第1章17）

もう少しモダンに表現すれば，つぎのようになる．

いま，ある条件に束縛されている複数個の質点の各々に $\boldsymbol{F}_1, \boldsymbol{F}_2, \cdots$ の力が作用しているとしよう．束縛の条件とは，たとえばテコでは支点からの距離が一定であり，滑車では糸の長さが不変であり，剛体では質点間の距離が不変であり，剛体面上の質点の運動では変位が面の法線方向に垂直であるというような条件である．

このとき，つりあいは，各質点にこの束縛の条件を破らない形で無限小変位（仮想変位）$\delta\boldsymbol{r}_1, \delta\boldsymbol{r}_2, \cdots$ を与えれば，

$$(\boldsymbol{F}_1\cdot\delta\boldsymbol{r}_1)+(\boldsymbol{F}_2\cdot\delta\boldsymbol{r}_2)+\cdots=0 \qquad (12\text{-}4)$$

を満たすという式で表わされる．この式が「仮想速度の原

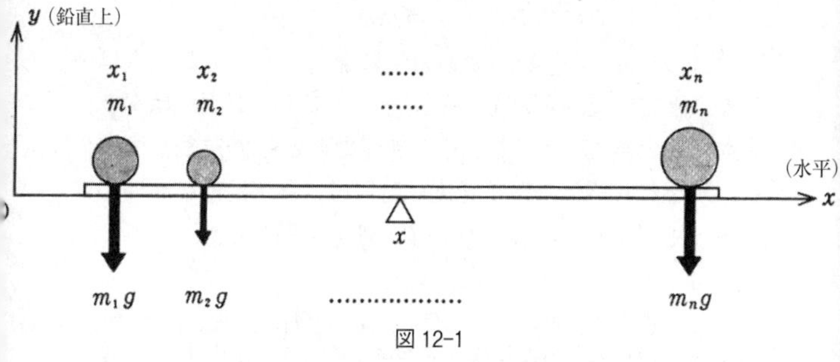

図 12-1

理」——現在の用語では「仮想変位の原理」——を表わしている．

たとえば，図 12-1 のように x_i の位置に質量 m_i の質点の置かれた質量の無視しうるたわまない水平な棒のつりあいの位置 x を求める問題を考える．各 m_i に上下方向の仮想変位 δy_i を与えると（12-4）式は，次のようになる．

$$\sum_i m_i g \delta y_i = 0.$$

他方，質点はすべて棒上にあるという束縛の条件より，δy_i の間に，

$$\frac{\delta y_1}{x - x_1} = \frac{\delta y_2}{x - x_2} = \cdots = \frac{\delta y_n}{x - x_n}$$

の関係が成り立つ．これよりつりあいの位置 x は，

$$\sum_i m_i g (x - x_i) = 0,$$

$$\therefore \quad x = \frac{\sum_i m_i x_i}{\sum_i m_i}$$

すなわち，重心にあることがわかる.

『解析力学』の第2部は動力学に充てられ，そこでもはじめに歴史が述べられている．そしてラグランジュはダランベールと同じく，「力」を「加速力」として定義している．すなわち落体の落下速度は時間に，落下距離は時間の2乗に比例するというガリレイの理論に即して，

> 一様加速運動において，速度と時間との間に，あるいは，距離と時間の自乗との間に成り立つはずのこの一定の比〔v/t または $2s/t^2$〕は，それゆえ，運動体に絶えず作用する加速力の測度であると看做してよい．というのも，現実には，**この力はそれが物体にもたらす効果によってしか測定されえない**し，また，その効果は生成された速度または同じ時間内に経過された距離のなかにあるからである（第2部・第1章2，強調引用者).

と述べている．もちろん一様加速度運動でなくとも，無限小の時間間隔をとれば，同様に論じうる．いずれにせよラグランジュにとっても，力は $m\dfrac{\Delta \boldsymbol{v}}{\Delta t}$ のことを指している．いやそれでしか定義しようがないのだ.

もちろん1個の質点の場合には，その質点の加速度が $\boldsymbol{a}$ であったならば，その質点に働いている正味の力が，

$$m\boldsymbol{a} = \boldsymbol{F}^{(0)}$$

であるとしてよいから，それはそれで問題はない．そしてここから力の関数形を決定することができる．また重力のような力はすでに惑星の運行や地球上の物体の落下のよう

な単一の質点の運動現象の観測のみからよく知られている．そしてひとたびその関数形がわかれば，その後その力を導入することには問題はない．しかし，こういう既知の力が束縛のある質点系に作用する場合，束縛のために未知の余計な力が加わる．

だが，経験論者ダランベールの場合，彼の基本的な考え方からすれば，直接観測できる運動とそこから知られるもの以外を理論の中に持ち込むわけにはゆかない．張力や抗力のような束縛の力は，直接にそれ単独では知りえないから，そのようなものを含まない理論を作らなければならなかったのだ．

この点では，経験論者であろうとなかろうと，力を加速力として定義し，方程式$m\boldsymbol{a}=\boldsymbol{F}^{(0)}$を力の定義式と見る立場に立つかぎり同じことであって，ラグランジュもまったく同じ問題意識で次のように問題を設定する．

> 衝撃または圧力によって相互に作用しあっている多数個の物体の運動を調べようとするときには，その衝撃や圧力が，通常の衝突のときのように直接的な場合も，あるいはそれらの諸物体を結びつけている糸やたわまない梃子を介してであれ，もしくは一般にそのほか何らかの手段によるにせよ，問題はより高度のものであって，さきほどの原理〔加速力による力の定義〕は問題を解決するのに充分ではない．なぜなら，この場合，諸物体に作用している力は未知であり，諸物体が相互の配置に応じて互いに与える効果から，それら未知の諸力を導き出さなければならないからである．したがって，運動状態にある諸物体の力を，それらの質量と速度を考慮して決定するのに役立つような新しい原理が必要である．（第２部・第１章４）

この問題こそ，剛体振子をめぐりホイヘンス，ベルヌイ，オイラー等の当時の第一級の物理学者が挑戦しつづけた問題であり，ラグランジュはその解決が「ダランベールの原理」のなかに示されていることを看て取ったのである．

1743年のダランベールの『力学論』は，動力学において考えられるすべての問題を解くための，あるいは少なくともそれらの諸問題を方程式に表わすための，直接的で一般的な方法を呈示することによって，学者たちのこの互いの挑戦に終止符を打った．その方法は，諸物体の運動の法則を諸物体のつりあいの法則に帰着させ，そうすることによって動力学を静力学に還元するものである．……

多数個の物体に運動を刻み込んだ場合に，それらの諸物体が，刻み込まれた運動を相互作用のために変えざるを得ないならば，あきらかに，刻み込まれた運動は諸物体が現実に行なう運動と物体間の相互作用の結果消失される運動とから合成されているものと看做すことができる．したがって，後者の〔消失される〕諸運動は，それらだけで動かされた諸物体はつりあうようなもののはずである，ということになる．（第2部・第1章10）

ここに書かれているのは，ダランベール自身の手による「ダランベールの原理」である．たとえば，図12-2（後出）のような物体の系（滑車の慣性モーメント無視）を考える．下向きの運動を正として加速度をそれぞれ $\pm a$ とすると，「重力によって刻み込まれた運動」はそれぞれ $m_1 g\Delta t$, $m_2 g\Delta t$,「現実にとる運動」は $m_1 a\Delta t$, $-m_2 a\Delta t$ だから，「消失される運動」はその差 $(m_1 g - m_1 a)\Delta t$, $(m_2 g + m_2 a)\Delta t$ であり，「この消失される運動のつりあい」より，

$$(m_1g-m_1a)\Delta t=(m_2g+m_2a)\Delta t,$$

すなわち，加速度：

$$a=\frac{m_1-m_2}{m_1+m_2}g$$

が得られる．この議論に「未知の力」たる糸の張力はまったく姿を見せない．

この場合は簡単だが，一般にはダランベールの方法は，きわめて扱いにくい．ラグランジュ自身，「もっと複雑な原理やもってまわった原理から導かれる方法にくらべて，ダランベールの原理の方法は，たいがいの場合，ずっと込み入っている」と認めている．

そこでラグランジュは，生成される運動――つまり「物体が現実に行なう運動」――にたいして逆向きになる運動（正味の力に逆向きの力）と「刻み込まれた運動」（外力）と「消失する運動」（束縛力）の間ではつりあいが保たれるというように考えて，問題を静力学の問題に帰着させた．すなわち，「この〔ダランベールの〕原理ではどうしても必要な諸運動の分解を避けるためには，諸力と生成される運動――ただし逆向きにとる――との間のつりあいを立てるだけでよい」（第2部・第1章11）わけである．

こうしてラグランジュは，この「ダランベールの原理」を「仮想速度の原理」と結びつけることによって，より扱いやすいものに書き改めることに成功した．つまりラグランジュは，以下のように考えたわけである．

質点 m_i に働く重力のような既知の力を $\boldsymbol{F}_i$, そのとき質点が実際に得る加速度を $\boldsymbol{a}_i$ とする．この既知の力 $\boldsymbol{F}_i$ が，ダランベールとラグランジュの表現では「物体に刻み込まれた運動」といわれているものである．他方，m_i に働く正味の力は $m_i\boldsymbol{a}_i$ であり，これが「諸物体が現実に行なう運動」のことである．したがって，束縛による未知の力を $\boldsymbol{F}_i'$ とすれば，

$$\boldsymbol{F}_i+\boldsymbol{F}_i' = m_i\boldsymbol{a}_i$$

だから，$\boldsymbol{F}_i, \boldsymbol{F}_i', -m_i\boldsymbol{a}_i$ の三力で物体はつりあうはずである．こうして問題は静力学に帰着し，「仮想速度の原理」が適用できるようになる．いいかえれば，質点系に仮想変位 $\delta\boldsymbol{r}_i$ を与えたとき，(12-4) 式，すなわち，

$$\sum_i ((\boldsymbol{F}_i+\boldsymbol{F}_i'-m_i\boldsymbol{a}_i)\cdot\delta\boldsymbol{r}_i) = 0 \tag{12-5}$$

がなりたつということである．

他方，束縛条件による力 $\boldsymbol{F}_i'$ ──すなわち「消失される諸運動」──は，多くの場合，全体としてそれだけでつりあっている．したがってそれだけで (12-4) 式

$$\sum_i (\boldsymbol{F}_i'\cdot\delta\boldsymbol{r}_i)=0 \tag{12-6}$$

がなりたつ．これが先の引用にあった「後者の〔消失される〕諸運動は，それらだけで動かされた場合には諸物体はつりあうようなもののはずである」の意味することである．じっさい，たとえば相互の距離が一定に束縛されている2質点 m_1, m_2 を考えると，

$$(\boldsymbol{r}_1-\boldsymbol{r}_2)^2 = 一定 \qquad \therefore \quad ((\boldsymbol{r}_1-\boldsymbol{r}_2)\cdot(\delta\boldsymbol{r}_1-\delta\boldsymbol{r}_2)) = 0,$$

であり，他方，束縛の力は，その2点間の方向を向き，

$$\boldsymbol{F}_1' = -\boldsymbol{F}_2' \propto (\boldsymbol{r}_1 - \boldsymbol{r}_2),$$

のように振舞うから（第10章（10-4）式参照），

$$(\boldsymbol{F}_1' \cdot \delta \boldsymbol{r}_1) + (\boldsymbol{F}_2' \cdot \delta \boldsymbol{r}_2) = 0,$$

がなりたっている．一般の剛体の場合に議論を拡張するのはた易い．また，剛体面上の質点の場合，抗力（法線方向）と仮想変位（接線方向）は直交しているからやはり（12-6）式がなりたつ．こうして結局，（12-5），（12-6）式より，

$$\sum_i ((\boldsymbol{F}_i - m\boldsymbol{a}_i) \cdot \delta \boldsymbol{r}_i) = 0, \tag{12-7}$$

が得られる．ここには，直接知ることのできない束縛の力 $\boldsymbol{F}_i'$ は登場せず，所期の目標が達成された．

この（12-7）式で表現されている原理が，現在では「ダランベールの原理」と呼ばれているものである．しかし歴史に忠実には，むしろ「ダランベール・ラグランジュの原理」とでも言うべきだろう．そしてこの原理は，くどいようだが，複数個の物体が外力の影響下で相互的にも束縛力によってある関係を保ちながら運動をしているときに，その未知の束縛の力を用いずに既知の力だけで表現できるというところがミソであることに留意していただきたい(*)．

図12-2の例をもう一度考える．束縛の力としての糸の

(*)　ちなみに，束縛力がもともとないときの運動方程式 $\boldsymbol{F} = m\boldsymbol{a}$ の右辺を単に移項して $\boldsymbol{F} - m\boldsymbol{a} = 0$ と書いたものを「ダランベールの原理」と称しているのをよく——とくに工学系のテキストなどに——見かけるが，これは全くナンセンス（文字通り無意味）である．

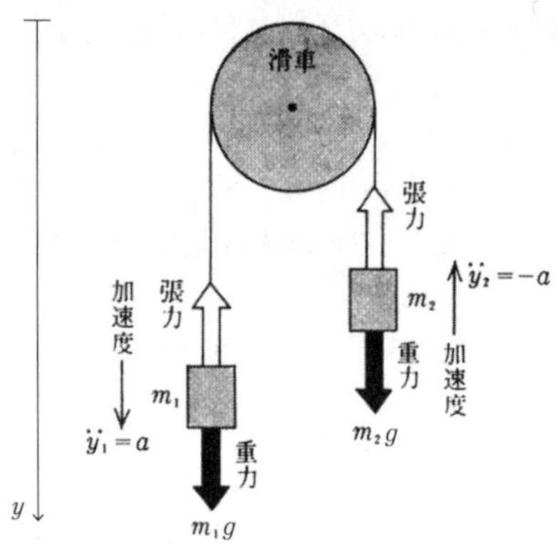

図12-2

張力が作用しているが，(12-7) 式より，既知の重力だけを用いていきなり，

$$(m_1g-m_1\ddot{y}_1)\delta y_1+(m_2g-m_2\ddot{y}_2)\delta y_2=0$$

と書き下せる（y_i は m_i の高さ）．束縛の条件 $\delta y_1=-\delta y_2$, $\ddot{y}_1=-\ddot{y}_2=a$ より，

$$-((m_1+m_2)\ddot{y}_1-(m_1-m_2)g)\delta y_1=0$$

となり，δy_1 はもはや任意であるから，加速度

$$a=\ddot{y}_1=\frac{m_1-m_2}{m_1+m_2}g$$

が得られる．この議論に張力はまったく現われない．そしてたしかにこの場合の束縛力である張力は (12-6) 式 $T_1\delta y_1+T_2\delta y_2=(T_1-T_2)\delta y_1=0$ ($\because$ $T_1=T_2$) を満たしている．

Ⅲ　ラグランジュ方程式

さてラグランジュの真の功績は，単にダランベールの原理を書き直したことではなく，そこから，通常「ラグランジュ方程式」といわれている運動方程式の一般的な形を導き出したことにある．以下はラグランジュのもとの表現を少しはなれてスッキリとゆく．

いま，$m_1, m_2, \cdots$ の N 個の質点にたいするダランベールの原理をラグランジュにならって，

$$\sum_{i=1}^{N}((\boldsymbol{F}_i - m_i\ddot{\boldsymbol{r}}_i)\cdot\delta\boldsymbol{r}_i)=0 \qquad (12\text{-}8)$$

と表現しよう．ここに，$\boldsymbol{F}_i$ は「既知の力」であり，また，$\delta\boldsymbol{r}_i$ は束縛の条件を破らない無限小変位（仮想変位）で，こうすれば，束縛による「未知の力」はあらわれない．

ところで，この N 個の質点は r 個の束縛の条件：

$$f_k(\boldsymbol{r}_1, \boldsymbol{r}_2, \cdots, \boldsymbol{r}_N, t) = 0, \ \ k = 1, 2, \cdots, r \qquad (12\text{-}9)$$

をみたしているとする．そのとき $\delta\boldsymbol{r}_i$ は，すべてが独立なのではなく，自由度の数すなわち $n=3N-r$ 個の独立なパラメーター $q_1, q_2, \cdots, q_n$ を用いて，

$$\boldsymbol{r}_i = \boldsymbol{r}_i(q_1, q_2, \cdots, q_n, t),$$

$$\delta\boldsymbol{r}_i = \sum_{j=1}^{n}\frac{\partial\boldsymbol{r}_i}{\partial q_j}\delta q_j, \qquad (12\text{-}10)$$

と書けるであろう．この $q_1, \cdots, q_n$ を一般化座標という（以下では $q_1, q_2, \cdots, q_n$ をまとめて q などと書く）．

この q を用いれば，

$$\sum_i^N (\boldsymbol{F}_i \cdot \delta \boldsymbol{r}_i) = \sum_i^N \sum_j^n \left(\boldsymbol{F}_i \cdot \frac{\partial \boldsymbol{r}_i}{\partial q_j} \right) \delta q_j = \sum_j^n \mathcal{F}_j \delta q_j \quad (12\text{-}11)$$

のように（12-8）式の第1項を表わすことができて，ここに，

$$\mathcal{F}_j = \sum_i^N \left(\boldsymbol{F}_i \cdot \frac{\partial \boldsymbol{r}_i}{\partial q_j} \right)$$

を一般化力の成分という．

さらに，（12-8）式の第2項は，

$$\sum_i m_i (\ddot{\boldsymbol{r}}_i \cdot \delta \boldsymbol{r}_i) = \sum_{i,j} m_i \left(\ddot{\boldsymbol{r}}_i \cdot \frac{\partial \boldsymbol{r}_i}{\partial q_j} \right) \delta q_j$$

$$= \sum_{i,j} \left\{ \frac{d}{dt} \left(m_i \dot{\boldsymbol{r}}_i \cdot \frac{\partial \boldsymbol{r}_i}{\partial q_j} \right) - m_i \left(\dot{\boldsymbol{r}}_i \cdot \frac{d}{dt} \left(\frac{\partial \boldsymbol{r}_i}{\partial q_j} \right) \right) \right\} \delta q_j \quad (12\text{-}12)$$

であるが，ここで，

$$\frac{d}{dt} \left(\frac{\partial \boldsymbol{r}_i}{\partial q_j} \right) = \sum_l^n \frac{\partial^2 \boldsymbol{r}_i}{\partial q_j \partial q_l} \dot{q}_l + \frac{\partial^2 \boldsymbol{r}_i}{\partial q_j \partial t}$$

と表わして上式を書き直そう．いま，速度は，

$$\boldsymbol{v}_i = \dot{\boldsymbol{r}}_i = \sum_l \frac{\partial \boldsymbol{r}_i}{\partial q_l} \dot{q}_l + \frac{\partial \boldsymbol{r}_i}{\partial t} \quad (12\text{-}13)$$

であるから，その偏微分係数は，この2式より，

$$\frac{\partial \boldsymbol{v}_i}{\partial q_j} = \frac{\partial \dot{\boldsymbol{r}}_i}{\partial q_j} = \sum_l \frac{\partial^2 \boldsymbol{r}_i}{\partial q_j \partial q_l} \dot{q}_l + \frac{\partial^2 \boldsymbol{r}_i}{\partial q_j \partial t} = \frac{d}{dt} \left(\frac{\partial \boldsymbol{r}_i}{\partial q_j} \right),$$

$$\frac{\partial \boldsymbol{v}_i}{\partial \dot{q}_j} = \frac{\partial \dot{\boldsymbol{r}}_i}{\partial \dot{q}_j} = \frac{\partial \boldsymbol{r}_i}{\partial q_j}$$

となり，（12-12）式は，

$$\sum_i m_i(\ddot{\boldsymbol{r}}_i\cdot\delta\boldsymbol{r}_i)=\sum_{i,j}\left\{\frac{d}{dt}m_i\left(\boldsymbol{v}_i\cdot\frac{\partial\boldsymbol{v}_i}{\partial\dot{q}_j}\right)-m_i\left(\boldsymbol{v}_i\cdot\frac{\partial\boldsymbol{v}_i}{\partial q_j}\right)\right\}\delta q_j$$

$$=\sum_{i,j}\left(\frac{d}{dt}\frac{\partial}{\partial\dot{q}_j}-\frac{\partial}{\partial q_j}\right)\frac{1}{2}m_iv_i^2\delta q_j \qquad (12\text{-}14)$$

のように表わされる．ここで，全運動エネルギーを，

$$T=\sum_i\frac{m_i}{2}v_i^2 \qquad (12\text{-}15)$$

とおけば，(12-8) 式は，(12-11), (12-14), (12-15) 式を用いて，

$$\sum_j\left\{\frac{d}{dt}\left(\frac{\partial T}{\partial\dot{q}_j}\right)-\frac{\partial T}{\partial q_j}-\mathscr{F}_j\right\}\delta q_j=0$$

と書き直される．しかるに，n 個の$\delta q_j(j=1, 2, \cdots, n)$ はすべて独立だから，方程式，

$$\frac{d}{dt}\left(\frac{\partial T}{\partial\dot{q}_j}\right)-\frac{\partial T}{\partial q_j}=\mathscr{F}_j, \qquad j=1, 2, \cdots, n \quad (12\text{-}16)$$

が得られる．

とくに，既知の力 $\boldsymbol{F}_i$ がポテンシャルを用いて，

$$\boldsymbol{F}_i=-\frac{\partial}{\partial\boldsymbol{r}_i}V(\boldsymbol{r}_1, \boldsymbol{r}_2, \cdots, \boldsymbol{r}_N) \qquad (12\text{-}17)$$

と表わされるときには $\left(\dfrac{\partial}{\partial\boldsymbol{r}_i}\text{ は }\boldsymbol{r}_i\text{ にたいする勾配}\right)$，一般化力の成分は，

$$\mathscr{F}_j=\sum_i\left(\boldsymbol{F}_i\cdot\frac{\partial\boldsymbol{r}_i}{\partial q_j}\right)=-\sum_i\left(\frac{\partial V}{\partial\boldsymbol{r}_i}\cdot\frac{\partial\boldsymbol{r}_i}{\partial q_j}\right)=-\frac{\partial V}{\partial q_j} \qquad (12\text{-}18)$$

となる．じっさいには，ポテンシャル V はここでラグラ

ンジュ自身によって導入されたのであり，したがってラグランジュの論理と表現では——ノーテーションをわれわれのものに書き直していうと——「量$\sum(\boldsymbol{F}_i\cdot d\boldsymbol{r}_i)$が積分可能ならば」,

$$-\sum_i(\boldsymbol{F}_i\cdot d\boldsymbol{r}_i)=dV \quad （全微分）$$

となる関数Vを定義できる，という筋途になる（第2部・第3章，5-34).

ここで，Vは位置だけの関数で，速度，したがって$\dot{q}$を含まないとすれば,

$$\frac{\partial V}{\partial \dot{q}_j}=0, \qquad j=1, 2, \cdots, n$$

だから,

$$L=L(q, \dot{q})=T-V \tag{12-19}$$

とおいて，方程式（12-16）は,

$$\frac{d}{dt}\left(\frac{\partial L}{\partial \dot{q}_j}\right)-\frac{\partial L}{\partial q_j}=0, \qquad j=1, 2, \cdots, n \tag{12-20}$$

と書き直される.

$L(q, \dot{q})$をラグランジアン，そして，方程式（12-16）または（12-20）を，**ラグランジュ方程式**という．ここには未知の束縛の力は含まれず，自由度の数だけの方程式を解けばよいことになる．特に（12-20）式ではポテンシャルだけが必要で，力がどこにもあらわれないことに注意.

これが，解析力学の基礎方程式である．これにたいしてラグランジュは，「もはやこれらの方程式を積分するとい

う解析の問題しか残らないであろう」と付言している.

こうして，幾何学的描像をはなれて，一般化座標だけで処理される運動方程式が得られたことになる．しかも必ずしも力の概念を用いなくとも，ただポテンシャルの関数形が得られればそれでよいのであり，関数概念としての力を受け容れるという立場がさらに一歩進められたのである．（ラグランジュの理論で重要な未知の力を求める未定係数法については，ここでは述べない）.

Ⅳ　運動量・角運動量保存則

もちろんラグランジュ方程式は，束縛のない場合の質点や質点系にたいしては，ニュートンの運動方程式と等価である．しかしその場合でも，複雑な問題にたいして方程式を書き下すのは，はるかに手っ取り早い．はじめから，座標を指定するパラメーターとしての一般化座標 (q) とその時間導関数（一般化速度 $\dot{q}$）を自由度の数だけ用いて，いきなり運動エネルギーとポテンシャル・エネルギーを書き下せばよい．そのさい一般化座標は直交座標の成分でなくともよいし，長さの次元をもたなくともかまわない.

オイラーの場合に必要とされたケース・バイ・ケースの工夫はここでは一般化座標の選択の局面にかぎられ，あとは機械的な微分演算で方程式が導かれる．その利点は，単に手っ取り早く方程式が書き下せるということだけではない．ラグランジュ自身，次のように語っている.

これらの方程式は〔変数の選び方によって〕異なった形をとり，単純さにおいても多少なりとも異なり，積分するという目的にかなっているか否かでも異なるから，はじめにいかなる形で書き下すべきかはどうでもよいことではない．そしてわれわれの方法の主要な利点は次のことにある．つまり，それはつねに，任意の問題の方程式を用いられた変数に関して最も単純な形で与え，どの変数を用いれば積分の実行が最も簡単になるのかをあらかじめわれわれが判断できるようにするという点である（第2部・第4章12）．

たとえば，重力のような相対的な距離だけできまるポテンシャルにより相互作用する定平面上の2質点 m_1, m_2 を考えよう．全運動エネルギーは，

$$T = \frac{1}{2}m_1{v_1}^2+\frac{1}{2}m_2{v_2}^2$$

である．ここで，重心を直交座標で，

$$\boldsymbol{R} = \frac{m_1\boldsymbol{r}_1+m_2\boldsymbol{r}_2}{m_1+m_2} = (X, Y)$$

と，また相対位置を極座標で，

$$\boldsymbol{r} = \boldsymbol{r}_1-\boldsymbol{r}_2 = (r, \varphi),$$

と表わすと，$\mu=m_1m_2/(m_1+m_2)$（換算質量）とおいて，運動エネルギーは，

$$\begin{aligned} T &= \frac{1}{2}(m_1+m_2)\dot{\boldsymbol{R}}^2+\frac{1}{2}\mu\dot{\boldsymbol{r}}^2 \\ &= \frac{1}{2}(m_1+m_2)(\dot{X}^2+\dot{Y}^2)+\frac{1}{2}\mu(\dot{r}^2+r^2\dot{\varphi}^2) \end{aligned}$$

となり，他方ポテンシャルは，

$$V(|\boldsymbol{r}_1-\boldsymbol{r}_2|) = V(r)$$

であるから，(X, Y, r, φ) を一般化座標に選ぶと，ラグランジアンは，

$$L = \frac{1}{2}(m_1+m_2)(\dot{X}^2+\dot{Y}^2)+\frac{1}{2}\mu(\dot{r}^2+r^2\dot{\varphi}^2)-V(r)$$

と書き下せる．これより，ラグランジュ方程式として，四つの一般化座標 X, Y, r, φ にたいする運動方程式は簡単に導かれる．

ところで，一般化座標 q_j にたいして，

$$p_j=\frac{\partial L}{\partial \dot{q}_j}$$

を q_i に共役な**一般化運動量**といおう．もちろんこれは，q_i が直交座標の場合には，通常の運動量と一致する．また，q_j がある回転軸のまわりの角度を表わすときには，すぐ後で見るように p_j は角運動量のその回転軸方向成分である．

そこで，いまラグランジアン $L(q_1, q_2, \cdots, \dot{q}_1, \dot{q}_2, \cdots)$ がある q_k を陽に含んでいないとする．そのとき座標 q_k にたいするラグランジュ方程式（12-20）は，

$$\frac{d}{dt}\left(\frac{\partial L}{\partial \dot{q}_k}\right) = 0,$$

のようになるから，ひとつの第１積分が簡単に得られ，

$$\frac{\partial L}{\partial \dot{q}_k} = p_k = \text{一定},$$

つまり，ラグランジアンに含まれない q_k に共役な一般化

運動量 p_k が保存されることがわかる.

ラグランジュ自身の表現では,「したがって関数 T にあらわれる諸変数のひとつが V の中になければ,この変数に関する方程式は単に微分項を含むだけで,その積分はとくに簡単になる」(第2部・第4章12) とある.

いまの例の場合,ラグランジアンは X, Y, φ を含まないから,

$$P_X = \frac{\partial L}{\partial \dot{X}} = (m_1+m_2)\dot{X} = m_1\dot{x}_1+m_2\dot{x}_2 = 一定,$$

$$P_Y = \frac{\partial L}{\partial \dot{Y}} = (m_1+m_2)\dot{Y} = m_1\dot{y}_1+m_2\dot{y}_2 = 一定,$$

および,

$$p_\varphi = \frac{\partial L}{\partial \dot{\varphi}} = \mu r^2\dot{\varphi} = 一定,$$

つまりこれらが保存される.前者が系の全運動量の保存則(重心運動の保存),後者が系の角運動量(面積速度)の保存則を表わしていることは,おわかりであろう.

いまひとつの例として,太陽の重力の作用をうけている地球の自転(第10章で見たもの)を考えよう.この場合,オイラー角を一般化座標にとる.地球を回転楕円体とすれば,運動エネルギーは (10-18) で求めたように,

$$T = \frac{1}{2}I_1(\dot{\theta}^2+\dot{\phi}^2\sin^2\theta)+\frac{1}{2}I_3(\dot{\psi}+\dot{\phi}\cos\theta)^2,$$

と表わされる.また,太陽と地球の重力ポテンシャルは,地球が地軸(図10-6の $\boldsymbol{e}_3$)のまわりに回転対称だから ψ

を含まないはずで,

$$V = V(\theta, \phi),$$

と書けるであろう（じっさい第7章（7-17）式を用いれば,——その式のθがオイラー角ではなく余緯度であることに注意して$\cos\theta$を太陽方向と地軸方向の方向余弦$\cos\gamma = \sin(\phi - \Phi)\sin\theta$（10-23）でおきかえ，また太陽の質量$M_s$をかけて——ポテンシャルは,

$$V = -\frac{GMM_s}{r}\left[1 - \left(\frac{a}{r}\right)^2 J_2 P_2(\sin(\phi - \Phi)\sin\theta)\right],$$

となり——このθはオイラー角——，たしかにψを含まない）.

したがってこの場合のラグランジアンは,

$$L = \frac{1}{2}I_1(\dot{\theta}^2 + \dot{\phi}^2\sin^2\theta) + \frac{1}{2}I_3(\dot{\psi} + \dot{\phi}\cos\theta)^2 - V(\phi, \theta),$$

となり，ψを含まず，ψについてのラグランジュ方程式

$$\frac{d}{dt}\left(\frac{\partial L}{\partial \dot{\psi}}\right) - \frac{\partial L}{\partial \psi} = 0$$

は，簡単な,

$$\frac{d}{dt}I_3(\dot{\psi} + \dot{\phi}\cos\theta) = 0$$

となり，こうしてすぐさま（10-25）式：

$$I_3\omega_3 = I_3(\dot{\psi} + \dot{\phi}\cos\theta) = \text{一定}$$

が得られる．自転角運動量の地軸方向成分の保存則である.

これらの意味をもう少し現代的に考えてみよう．ラグランジアンがわかれば，系の運動はきまる．ここで一般化座標は自由度の数だけあり，すべて独立であるから，その一つ一つを任意に変化させうる．ところで，ラグランジアンがある一般化座標 q_k を含まないということは，q_k をどのように変えても系の状態が変わらないという，ある変換にたいする不変性を示している．このときそれに対応する一般化運動量 p_k が保存されるのであるから，保存則は，ある変換にたいする不変性の結果であると言える．

はじめの例では，全運動量 $\boldsymbol{P}=(P_X, P_Y)$ の保存は，ラグランジアンが重心座標 $\boldsymbol{R}=(X, Y)$ を含まないことによる．つまり平行移動にたいする不変性——もしくは空間の一様性——の結果である．また，全角運動量の保存は，ラグランジアンが角度 ψ を含まないことによる．つまり，回転にたいする不変性——もしくは空間の等方性——の結果である．後者の例では，回転対称な地球を地軸のまわりに回転させても太陽と地球の重力が変わらないから，地球の自転角運動量の地軸方向成分が不変に保たれるわけである．

この結果は，外力の働かない任意個の質点系について示すことができる．もちろん，外力が働かないという条件は，その系全体にたいして空間が一様・等方であるということを意味している．

とくに公転の角運動量の保存（すなわち面積速度一定）は，この点で興味深い．ケプラーが楕円軌道を導入することによって一度は失なわれた円運動という対称性は，ケプラーの発見した第2法則——面積定理——が，ここで重力の球対称性（回転対称性）の結果にすぎないことが明らかになって，あらためてより深い形で回復されたということができる．その意味では，哲学者カッシーラーの次の指摘は，たしかに時代を超越したケプラーの天才性をよく表わしている．

> 彼〔ケプラー〕が，ファブリチウスとの往復書簡のなかで自分の新しい成果をまっ先に知らせたとき，あるいはファブリチウスからもやはり，軌道が楕円形をなしていて運動の速度が変わるなどというのは理論に要請されている単純性にもとるという異論を唱えられたとき，彼はこうした異論に対してプラトンその人を引合いに出して対応したのであった．およそ哲学的な天文学者に要求されうるものは——と彼は書き出している——挙示された結果の単純性ではなく，原因〔作用〕の諸原理における単純性である[(3)]．

ここで「単純性」を「対称性」と読み変えれば，一挙にケプラーから保存則の現代的解釈にまで飛躍することになるのであろう．

V　エネルギー保存則と最小作用の原理

『解析力学』でラグランジュは力学的エネルギー保存則をいくつかのやり方で導いているが，そのひとつ（第2部・第4章14）は，次のようなものである．

ラグランジュ方程式：

$$\frac{d}{dt}\left(\frac{\partial T}{\partial \dot{q}_j}\right)-\frac{\partial T}{\partial q_j}=-\frac{\partial V}{\partial q_j}, \quad j=1, 2, \cdots, n$$

の両辺に $\dot{q}_j$ をかけてすべての j について足し合せると，

$$\sum_j\left\{\frac{d}{dt}\left(\frac{\partial T}{\partial \dot{q}_j}\right)\dot{q}_j-\frac{\partial T}{\partial q_j}\dot{q}_j\right\} = -\sum_j \frac{\partial V}{\partial q_j}\dot{q}_j \qquad (12\text{-}21)$$

となる．ところで，

$$\frac{d}{dt}\left(\frac{\partial T}{\partial \dot{q}_j}\right)\dot{q}_j = \frac{d}{dt}\left(\dot{q}_j\frac{\partial T}{\partial \dot{q}_j}\right)-\frac{\partial T}{\partial \dot{q}_j}\ddot{q}_j$$

であり，また，$T(q, \dot{q})$, $V(q)$ がいずれも陽に時間 t を含まないとすれば，

$$\sum_j\left(\frac{\partial T}{\partial \dot{q}_j}\ddot{q}_j+\frac{\partial T}{\partial q_j}\dot{q}_j\right) = \frac{dT}{dt},$$

$$\sum_j \frac{\partial V}{\partial q_j}\dot{q}_j = \frac{dV}{dt}$$

のように時間導関数にまとめられる．他方，T が $\dot{q}_j$ の斉2次式になるから，オイラーの定理——とラグランジュは呼んではいないが——によって，

$$\sum_j \dot{q}_j\frac{\partial T}{\partial \dot{q}_j} = 2T$$

がなりたち，以上を併せて（12-21）式は，

$$\frac{d}{dt}(T+V) = 0$$

となり，力学的エネルギー保存則：

$$T+V=E\ (\text{定数}) \tag{12-22}$$

が得られる．

ラグランジュ自身は，これをライプニッツに倣って「活力保存の原理（conservation des forces vives）」と称して，その意味を「$\sum_i m_i v_i^2$ はすべての物体の活力の和ないし系全体の活力を与え，そして前述の方程式から，この活力の和は，加速力（force accélératrices）のみにより相互の束縛にはよらない量 $(2E-2V)$ に等しいこと……が見てとれる」と表現している（第2部・第3章5-34——表記法はわれわれのものに合わせた）．

さらにラグランジュは，このエネルギー保存則から，次の「最小作用の原理（principe de la moindre action）」を導き出している．

> 相互的な引力，ないしはある決まった中心点に向きそこからの距離の関数に比例した力(*)をうけている諸物体の系の運動にさいしては，各物体のえがく曲線と速さは，個々の質点についての曲線要素をかけた速さの積分にその質量をかけ合わせたものの和〔作用量〕が最大または最小になるように必ずなっている．ただしそのさい，曲線の起点と終点の位置が，いかに曲線を変化させても，その両点に対する座標の変分が零になるように指定されているものとする．（第2部・第3章6-39）

すなわち，1質点に話を限ると，質点は，エネルギー保

(*) ラグランジュは，ポテンシャルの定義できる力（保存力）をつねにこのように表現している．

存則をみたす——つまり $T+V$ が決まった値をとる——無限に多くの可能な径路のうち，作用量

$$I \equiv \int_{\mathrm{P}}^{\mathrm{Q}} mvds \tag{12-23}$$

を最大または最小にするもの（正確には作用量が極値または定留値をとるもの）だけを現実にとる，というものである（積分範囲は径路の始点Pから終点Qまで）．ここに，$ds=\sqrt{(dx)^2+(dy)^2+(dz)^2}$ は径路に沿った微分距離で，$v=\dfrac{ds}{dt}$ は速さであり，径路の両端は固定されている．

できるだけラグランジュの議論に沿って証明してみよう．この場合，エネルギー保存則をみたしているから，速さ $v=\sqrt{\dfrac{2}{m}(E-V)}$ は空間の各点で決まってしまうので，各径路ごとにその上の点の通過時刻は決まってしまうが，他方，径路長 s にはそのような制限がないことに注意してもらいたい．

いま，質点が現実にとる径路をわずかだけ仮想的に変えたときの作用量の変化は，

$$\delta I = \int_{\mathrm{P}}^{\mathrm{Q}} m\delta vds \tag{12-24}$$

と表わされる．

他方，エネルギー保存則 $T+V=\dfrac{1}{2}mv^2+V=E$（一定）をみたす条件のもとで，このように径路を現実のものから

わずかに変化させると，

$$\delta T+\delta V = mv\delta v+\left(\frac{\partial V}{\partial \boldsymbol{r}}\cdot\delta\boldsymbol{r}\right)=0$$

となるはずだが，ここで，v および $\dfrac{\partial V}{\partial \boldsymbol{r}}$(=grad V) は現実の径路に対応するものであるから，径路上の各点で運動方程式$m\dot{\boldsymbol{v}}=-\dfrac{\partial V}{\partial \boldsymbol{r}}$ をみたし，これを用いて書き直せば，変分 δv，$\delta\boldsymbol{r}$ の間の関係は，

$$mv\delta v-m(\dot{\boldsymbol{v}}\cdot\delta\boldsymbol{r})=0$$

で与えられることになる．しかるに，

$$\dot{\boldsymbol{v}}=\frac{d\boldsymbol{v}}{dt}=\frac{d\boldsymbol{v}}{ds}\frac{ds}{dt}=v\boldsymbol{v}'$$

（$\dfrac{ds}{dt}=v$，ダッシュは $\dfrac{d}{ds}$ を表わし，s は自由な変数だから δ と $\dfrac{d}{ds}$ とは交換しうる）

であるから，上式は両辺を v で割って，

$$m\delta v-m(\boldsymbol{v}'\cdot\delta\boldsymbol{r})=0$$

と書き直せるであろう．さらに，

$$(\boldsymbol{v}'\cdot\delta\boldsymbol{r})=\frac{d}{ds}(\boldsymbol{v}\cdot\delta\boldsymbol{r})-\left(\boldsymbol{v}\cdot\delta\frac{d\boldsymbol{r}}{ds}\right),$$

および，

$$\delta\left(\frac{d\boldsymbol{r}}{ds}\right)=\delta\left(\frac{d\boldsymbol{r}}{dt}\frac{dt}{ds}\right)=\delta\left(\frac{\boldsymbol{v}}{v}\right)=\frac{\delta\boldsymbol{v}}{v}-\frac{\boldsymbol{v}}{v^2}\delta v,$$

$$\therefore \quad \left(\boldsymbol{v}\cdot\delta\frac{d\boldsymbol{r}}{ds}\right) = \frac{1}{v}(\boldsymbol{v}\cdot\delta\boldsymbol{v}) - \delta v = 0$$

を用いれば $((\boldsymbol{v}\cdot\boldsymbol{v})=v^2,\ \therefore\ \delta(\boldsymbol{v}\cdot\boldsymbol{v})=2(\boldsymbol{v}\cdot\delta\boldsymbol{v})=2v\delta v)$,

$$m\delta v = \frac{d}{ds}\{m(\boldsymbol{v}\cdot\delta\boldsymbol{r})\}$$

のように表わされ，(12-24) 式に代入して，

$$\delta I = \int_{\mathrm{P}}^{\mathrm{Q}} \frac{d}{ds}\{m(\boldsymbol{v}\cdot\delta\boldsymbol{r})\}ds = \Big[m(\boldsymbol{v}\cdot\delta\boldsymbol{r})\Big]_{\text{始点P}}^{\text{終点Q}}$$

が得られる．

ここで，径路の両端固定（P と Q で $\delta\boldsymbol{r}=0$）という条件に注目すれば，結局，

$$\delta I = 0, \qquad (12\text{-}25)$$

すなわち，**現実の径路は作用量が極値または停留点になるようなもの**であることが証明される．

Ⅵ　ハミルトンの原理

ラグランジュは以上のように「最小作用の原理」を述べているが，彼の功績はかかる法則を「発見」したことではなく厳密に力学的に「証明」したことにある．

古来，「自然のすべての効果は最大または最小の法則に従う」という原理が，様々な観点から提唱されてきた．

その一例は，光線の伝播に関する有名なフェルマーの原理である．

フェルマーは，「光が媒質を通って P から Q へと伝播す

るとき，その光線は，伝播時間が最小になるような径路をとる」と主張した．このフェルマーの原理はもともとはデカルトの「屈折光学」にたいする批判として1662年にド・ラ・シャンブル宛の手紙ではじめて述べられたもので，フェルマー自身の表現では「自然は最も容易かつ迅速な方法と径路によって動く」となっている(4)．つまり，数学的に書けば，光速を v として，

$$I = \int_{\mathrm{P}}^{\mathrm{Q}} \frac{ds}{v} = \mathrm{min.},$$

で点PとQを通る光線の径路は決まるというものである．真空中の光速を c，$\boldsymbol{r}$ の位置での光速を $v(\boldsymbol{r})$，そこでの屈折率を $n(\boldsymbol{r})$ とすれば，$v(\boldsymbol{r})=c/n(\boldsymbol{r})$ だから，前式は，

$$I = \frac{1}{c}\int_{\mathrm{P}}^{\mathrm{Q}} n(\boldsymbol{r})ds = \mathrm{min.}$$

と書ける．じっさいに，屈折率 n_1 と n_2 の媒質の境界面上点Rでの光の反射と屈折を考えてみよう（図12-3）．一様媒質の場合，直進が最短時間だが，反射の場合も屈折率は一様だから，最短時間は最短距離を表わし，入射角 i と反射角 i' が等しいときに径路長 $\overline{\mathrm{PR}}+\overline{\mathrm{RQ}}$ が最短になることは，初等幾何学からすぐにわかる．これは言うまでもなく通常の反射の法則である．また，屈折の場合，

$$I = \frac{1}{c}n_1\overline{\mathrm{PR}} + \frac{1}{c}n_2\overline{\mathrm{RQ'}}$$

$$= \frac{1}{c}n_1\sqrt{x^2+{h_1}^2} + \frac{1}{c}n_2\sqrt{(d-x)^2+{h_2}^2}$$

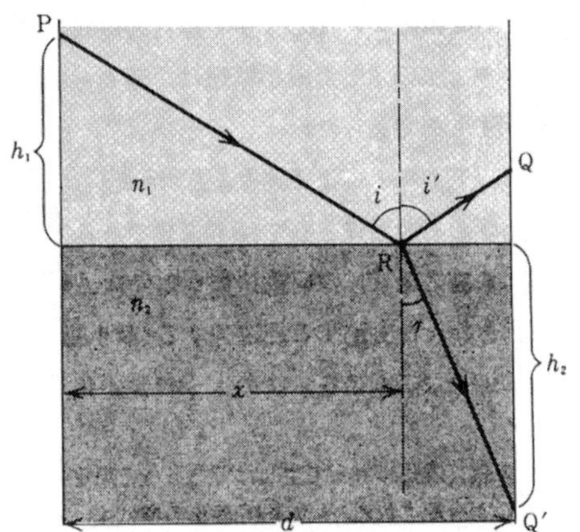

図 12-3　光の反射・屈折

において，$I=\min.$，すなわち，

$$\frac{\partial I}{\partial x}=0$$

の条件より，屈折角を r として，

$$n_1 \sin i - n_2 \sin r = 0,$$

すなわち，

$$\frac{\sin i}{\sin r}=\frac{n_2}{n_1}.$$

昔から有名な屈折の法則である。

フェルマー以降，力学においては，モーペルチュイもあいまいな最小原理を示し，オイラーもある種の最小原理を

用いている．しかしそれらは，ケース・バイ・ケースで示されたにすぎず，ラグランジュがやったようには一般的に基礎づけられていたわけではない．そして多くは目的論的に解釈されてきた．

たとえばモーペルチュイの示した最小原理は，他でもない神の偉大さと神の常なる摂理とを示すものであった．

モーペルチュイは，デカルトによる運動量保存原理もライプニッツによる活力保存原理も動力学の一般原理としては不充分であるとして退けた後に，すべての保存原理の基礎にあり，固い物体にも弾性体にも適用され，すべての物体的物質の運動と静止を支配すると自認する〈最小量の原理（le principe de la moindre quantité)〉なるものを，次のように定式化している．

> 物体の衝突に際しては，変化によって生じたであろうと想定される作用の量が最も小さくなるように運動が分配される．〔物体の〕静止の際には，平衡に保たれている諸物体は，もし任意のわずかな運動が与えられたならば作用の量が最小になるであろうように配置している(5)．

このモーペルチュイのいう最小量の原理——いわゆる「モーペルチュイの原理」——で語られている「作用の量」とは，ある場合には（質量）×（距離）^{2}，またある場合には（質量）×（速さ）^{2} や（質量）×（速さ）×（距離）を指し，その適用の仕方も問題ごとにテンデンバラバラで統一性のないものであった．マッハは「モーペルチュイの原理そのものを云々することはできず，ただあいまいな記号で書かれた公式について語れるだけである．この公式はその粗雑さを利用し，時には暴論を用いて，さまざまなよく知られた問題を一つの統一したものにしようとする．モーペルチュイの業績は今日なお，ある種の歴史的な後光がさしているので，やむをえずここで詳しく扱った次第である」とボロクソにけなしているが[6]，物理学上の問題としてはたしかに立ち入って見るほどのものはない．

しかし興味深いのは，モーペルチュイがこの原理からひき出した神学的結論である．

> この原理は，われわれが至高の存在〔神〕をいだき，至高の存在がつねに最も賢明にその御業をなしているにちがいないのみならず，万物をそのもとに統治しているはずであるという考えに調和している．
>
> デカルトによって進められた原理〔運動量保存原理〕は，世界を神の領域から閉め出すように思われる．……〔ライプニッツによる〕活力の保存原理もまた，世界をある種の〔神とは〕独立した状態に置くように見える．……
>
> **私の原理は……世界を創造主の力をつねに必要とする状態におき**，この〔神の〕力の最も賢明な使用の必然的な帰結である（強調引用者）[7]．

ここには，作りっぱなしの神かそれとも作品につねに手を加える神か，あるいはまた，天地創造にさいして完全な作品を創ったがゆえに神なのか，それともつねに摂理を行なうがゆえに神なのかという，デカルト派とニュートン派の，そしてまたライプニッツとクラークの論争があきらかに反響していることがわかる（第13章I参照）.

想い出してもみよう．モーペルチュイこそは，ヴォルテールと並んで18世紀の前半に大陸にニュートン力学を紹介し，ラップランドでの測地によって地球の扁平性を実証して，デカルトにたいするニュートンの勝利をもたらした人物であり，一時は天才の列に加えられていたのだ．そのモーペルチュイと彼の「原理」にたいして，19世紀を代表する大陸の力学論者ヘルムホルツ（第14章参照）は，次のように語っている．

> 彼は，すべての哲学者つまり科学の人は，自分が何を知っているのかについて心の中が明晰でなければならないといういにしえのソクラテスの教えをまったく無視している．彼は，自ら論争の余地のないものとして提起した法則が，証明もできなければ多くの例にたいしても適用しえないことを自覚していなければならなかったのだ．うぬぼれきった彼は，ただ彼の発見を予言者のように語ることで自己正当化しているのであり，これは，当初は才能にめぐまれていた人が，虚栄心といわゆる形而上学的思考のだらしない規律によって，理性の働きさえもが疑わしくなるあいまいな地点に導かれてゆくことの悲劇的な例である[(8)].

1751年に提唱されたこのモーペルチュイの原理が当初得た評判と，19世紀後半のヘルムホルツやマッハによる酷評との落差はあまりにも大きい．しかしモーペルチュイの原理が当初もてはやされたのは，必ずしも彼の過去の名声だけに負っているのではなく，他でもないヘルムホルツが批判したその形而上学的・神学的意味付与にも負っていたのだ．ことほどさように，フランス革命を挟む1世紀間の思想的基盤の変動は大きいのである．

ラプラスやラグランジュ以前には，フェルマーの原理にせよモーペルチュイの原理にせよ，「最小原理」にはつねに目的論的ないし神学的な意味がつきまとっていたのであり，またそれゆえに人の関心を惹いてきたのだ．

あたかも物体や光が知能のある生き物のように目的地を知り，そこに至る時間や作用を最小にする路を選ぶかのように，あるいは全能の神が自然を完全で無駄のないものとするためにそのように仕組んだかのように，考えられてきた．オイラーでさえも，1744年に次のように語っている．

> 全宇宙の構造は最も秀れたものであるから，また全知の創造主によって創られたものであるから，宇宙の中にはある種の最大最小の性質が現れないような現象はない．それゆえ，宇宙のあらゆる作用が，その動力因から導かれるのと同様に最大最小の方法によってその目的因からも導くことができるのは疑いない(9)．

しかし，このような発想であれ，それが変分法の発展をうながしたことは事実で，オイラーの功績も大きい．変分法とは，簡単に言うと（厳密さを欠くが）たとえば次のような問題である．ある関数$y(x)$とその導関数$y'(x)=\dfrac{dy}{dx}$の

汎関数 $F[y(x), y'(x)]$ にたいして，積分

$$I = \int_{x_1}^{x_2} F[y(x), y'(x)]dx$$

が両端 x_1, x_2 を固定したときに極値をとるように $y(x)$ の関数形を決める問題である．（以下の議論は，極値でなくとも停留点であればなりたつ．）

ここで，関数を，

$$y(x) \to y(x) + \delta y(x),$$
$$y'(x) \to y'(x) + \delta y'(x),$$
$$\text{ただし } \delta y'(x) = \frac{d}{dx}\delta y(x)$$

だけ変化させる．このとき I の値の変化は，

$$\begin{aligned}\delta I &= \int_{x_1}^{x_2}\left(\frac{\partial F}{\partial y}\delta y + \frac{\partial F}{\partial y'}\delta y'\right)dx \\ &= \int_{x_1}^{x_2}\left[\frac{\partial F}{\partial y}\delta y + \frac{d}{dx}\left(\frac{\partial F}{\partial y'}\delta y\right) - \frac{d}{dx}\left(\frac{\partial F}{\partial y'}\right)\delta y\right]dx \\ &= \left[\frac{\partial F}{\partial y'}\delta y\right]_{x_1}^{x_2} + \int_{x_1}^{x_2}\left[\frac{\partial F}{\partial y} - \frac{d}{dx}\left(\frac{\partial F}{\partial y'}\right)\right]\delta y dx\end{aligned}$$

となるが，端点 x_1 と x_2 では $\delta y=0$ だから第 1 項は消える．そして途中の変位 δy が任意の微小量のときに $\delta I=0$ となる条件は，

$$\frac{d}{dx}\left(\frac{\partial F}{\partial y'}\right) - \frac{\partial F}{\partial y} = 0$$

と書ける．これを変分法についてのオイラー方程式という．F のなかに $y(x)$ が何種類も含まれる場合も同じで，

それぞれについてこの式がなりたつ.

この結果で,

$$x \to t,\ y(x) \to q(t),\ y'(x) \to \dot{q}(t),\ F(y, y') \to L(q, \dot{q})$$

と置きかえれば，ラグランジュ方程式（12-20）そのものであり，結局ラグランジュ方程式は,「積分

$$I = \int_{t_1}^{t_2} L(q, \dot{q}) dt$$

が極値をとる」という命題から導かれることがわかる（逆も可）. この場合には，変分をとるにさいしてエネルギーが保存するという制限はない. これはいまでは**ハミルトンの原理**とよばれている.

いずれにせよ，ラグランジュは彼の最小作用の原理を——はじめて——力学の基礎方程式から厳密に導きだしたのであり，そればかりか,「私はこの原理を形而上学的原理としてではなく，力学の諸法則のひとつの簡単で一般的な帰結だと看做している」(『解析力学』第2部・第1章）と語り，この原理から目的論的ないし神学的意味付与を追放してしまったのである.

マッハの次の評価は，その事情をよく表わしている.

> ラグランジュは青年時代に力学全体をオイラーの最小作用の原理を基礎として築き上げようとした後，力学の新たな形式化にあたっては，あらゆる神学的・形而上学的思弁をきわめて不確実なもの，科学に入らないものとしてすべて無視すると宣言した．ラグランジュは力学を異なった基盤の上に建設したのであり，物理学者は誰もその優越性を否認するわけにはいかな

かった(10).

18世紀前半の啓蒙主義の時代の直前ないし中間に位置するモーペルチュイやオイラーと，後半の啓蒙主義の時代の直後のラグランジュの間にある懸隔は途轍もなく大きい．そしてこの飛躍によってはじめて，力学的世界像が一つの世界像として成立する地盤が形成されたのである．

Ⅶ　力学的エネルギー保存則再論

ここであらためて――ラグランジュの議論をはなれて――エネルギー保存則にたちもどってみよう．

いま，ラグランジアン（12-19）および束縛の条件（12-9）が時間を陽に含まないとしよう．じっさい，外力の作用しない系では，これはなりたつ．ここで，時間tをあるパラメーターτの単調増大関数$t=t(\tau)$と考えてみよう．このとき，

$$q = q(\tau),$$

$$\dot{q} = \frac{dq}{dt} = \frac{dq}{d\tau}\left(\frac{dt}{d\tau}\right)^{-1} = q'/t',$$

$$dt = \frac{dt}{d\tau}d\tau = t'(\tau)d\tau,$$

（ダッシュはτによる微分）

であるから，ハミルトンの原理は，τを変数として，

$$\delta\int_{\tau_1}^{\tau_2} L(q(\tau), q'(\tau)/t'(\tau))t'(\tau)d\tau = 0 \qquad (12\text{-}26)$$

となる（$\tau_1 = \tau(t_1), \tau_2 = \tau(t_2)$）．だが，束縛の条件が t を陽に含まなければ式（12-13）は，

$$\boldsymbol{v}_i = \sum_j \frac{\partial \boldsymbol{r}_i}{\partial q_j}\dot{q}_j = \frac{1}{t'}\sum_j \frac{\partial \boldsymbol{r}_i}{\partial q_j}q_j{}'$$

となり，しかも $T(q, \dot{q})$ は $\dot{q}$ の2次同次式となるから，

$$T(q, \dot{q}) = \frac{1}{t'^2}T(q, q'),$$

$$L(q, \dot{q}) = \frac{1}{t'^2}T(q, q') - V(q)$$

のように表わされ，（12-26）式は，

$$\delta\int_{\tau_1}^{\tau_2}\left(\frac{1}{t'}T(q, q') - V(q)t'\right)d\tau = \delta\int_{\tau_1}^{\tau_2}\tilde{L}(q, q', t')d\tau = 0$$

となる．ここに，

$$\tilde{L}(q, q', t') \equiv \frac{1}{t'}T(q, q') - V(q)t'$$

は新しいラグランジアンである．ここで，$t = t(\tau)$ を一般化座標の一つと考えると，新しいラグランジアンは t を陽に含まないから，「座標」t にたいするラグランジュ方程式：

$$\frac{d}{d\tau}\left(\frac{\partial\tilde{L}}{\partial t'}\right) = 0,$$

より，t に共役な一般化運動量の保存，すなわち，

$$\frac{\partial \tilde{L}}{\partial t'} = -\frac{1}{t'^2} T(q, q') - V(q)$$
$$= -T(q, \dot{q}) - V(q) = \text{一定}$$

が得られる．

この結果は，ほかでもない力学的エネルギー保存則である．そしてこの導き方は，運動量保存則が空間の一様性——空間的移動に対する系の不変性——の結果であったのと同様に，エネルギー保存則は時間 t を陽に含まぬこと——すなわち時間的移動にたいする系の不変性——の結果であることを明示的に示している．

前に見たように，デカルトにせよライプニッツにせよ，運動物体においてある物理量が一定に保たれるという思想を語っているけれども，その発想自身は決して新しくはない．ライプニッツは mv^2 を活力と名付け，これが保存すると主張した．ともあれそれらは，モーペルチュイの原理と同様にあいまいで，しかも，神の完全性ゆえにある量は不生不滅であるという神学的根拠によるか，さもなければ，永久機関があり得ないという立場から基礎づけられてきた．19 世紀末になってさえ，マッハは「今日においても未だにエネルギー保存則を独得の神秘主義と結びつけている自然科学者が多いことは否定できないであろう」と証言している．

ラグランジュこそ，自然界に見られるほとんどの力にたいして，$-\sum_j (\boldsymbol{F}_i \cdot \delta \boldsymbol{r}_i) = -\sum \mathcal{F}_j \delta q_j = dV$ が，関数 V の全微

分であること（積分可能なこと）を見抜き，ポテンシャル・エネルギーを導入し，エネルギー保存則を，

$$T+V=\text{一定}$$

と定式化した最初の物理学者であり，あまつさえ，エネルギー保存則からいっさいの神学的・形而上学的意味を追放し，それを純粋に力学的に導き出したのも彼である．すなわち，力学的エネルギー保存則が力学の一般的帰結であることを示したのである．「一般に活力の保存は，常に，各問題における種々の微分方程式の一つの第1積分を与えるものである．」（『解析力学』第2部・第1章）

ここでまた一つ，力学的世界像に至る過程での障害が克服された．

Ⅷ ラグランジュとラプラスの時代

ラグランジュの『解析力学』とその直後に出版されたラプラスの『天体力学』の二著が，『プリンキピア』以降の力学の最大の成果であり，これでもっていまでいう古典力学＝ニュートン力学は完成されたと考えられる．ラグランジュは完璧に解析的で汎用的な力学の洗練された形式を作り上げ，他方ラプラスは——次章で見るように——太陽系の安定の「力学的証明」というはなれわざをやってのけ，そして両者は，力学から一切の神学的・形而上学的意味づけをこそぎ落して，力学を合理的な体系に作り上げたのである．そしてこの成果によってダランベールの提唱した力

学的世界像が物質化されてゆくのであった.

> 18世紀においてあらゆる自然現象を力学的に説明するという考えが,ついに凝結して科学のドグマとなった.この考えは,ただ自らの美点以外には眼もくれず,もろもろの数学的物理学者たちがかち得,1788年出版のラグランジュの『解析力学』において頂点に達したほとんど奇蹟的な一連の勝利によってますます勝ち進んだ.

こういったのは20世紀のホワイトヘッドである(11).たしかにその勝利はめざましく,いまから顧みれば,力学で説明されえない自然現象はないというドグマに当時の人々がとらわれたのも,無理からぬところがあるように思われる.とりわけ,一般化座標と一般化運動量によるエレガントなラグランジュの形式は,質点や剛体という力学的対象を越えるすべての存在物にも適用可能な汎用性をもつ.

そういうわけであるから,同時代人の評価ではラプラスの方が上であったようだが,いまでは逆転している.というのも,ラプラスの業績がいわば集大成的であったとすれば,ラグランジュの方は先駆的なものであったからだ.じっさいラプラスの『天体力学』がケプラーとニュートンに始まる近代天体力学のフィナーレを飾るものであったとすれば,ラグランジュの『解析力学』は,それ以降現代の場の量子論にいたるまでの理論物理学のほとんど全分野に及ぶ必須の道具を作り出したと言える.しかし,思想史的にみて実は当時の力学思想に決定的な影響を与えたのは,ラグランジュよりもむしろラプラスであった．この問題については章をあらためて論ずることにして，ラグランジュとラプラスの時代にふれて本章を終える．

『プリンキピア』がイギリス・ブルジョア革命（名誉革命）の前年に世に出たとしたら，『解析力学』はフランス大革命の前年に，そして『天体力学』は革命と反革命の時代に，それぞれ登場し，こうして，力学はブルジョア権力の確立と平行して完成され，同時に，科学者もまた国家の保証する公的な地位と社会的名声を獲得していった．じつは力学的世界像が世界像として受け容れられていった背景には，科学者の社会的地位の上昇と国家機構への包摂という事態に表わされる社会的変動がともなっていたのだ．

ラプラスとラグランジュの二人の気質は，ずい分と異なっていたようである．ベルの『数学をつくった人びと』には，ポアソンによる次のような人物評がのせられている．

数の研究にせよ，月の秤動論にせよ，ラグランジュとラプラスとのあいだには深い相違がある．ラグランジュはしばしばその扱う問題のなかに数学のみを見る．諸問題は数学のためのさまざまな機会を提供するにすぎないように見える．したがってかれは，優雅さと普遍性とを高く評価したのである．これに反して，ラプラスは，数学を主として道具とみなし，特別な問題がおこるたびごとに，それに適合するように数学を修正した(12)．

同時代人の評価ではラプラスの方が上だったと言った

が，野心家で華々しいラプラスは，著書の献辞でその時々の権力者におもねったくらいだから，多分宣伝も旨かったのだろう．他方，慢性的うつ病でシニカルなラグランジュは，印刷された自分の著書を二年間も手にとらずにいたと言われるくらいだから，まして自分から売込みなどしなかったと想像される．

しかし，このような性格の相違にもかかわらず，彼らの生涯の起伏はじつによく符合している．

1736年生まれのラグランジュは，16歳でトリノ王立砲学校の教官となり，1766年，フリードリヒ大王に招請され，オイラーの後継者としてベルリン・アカデミーの数学と物理学の主任となり，1787年，絶対君主ルイ16世に敬意をもって迎えられ，大革命がはじまって後もパリにとどまり，革命政府から年金を得て度量衡委員を務め，革命の退潮期にはエコール・ノルマルの教授に，そして帝政時代にはエコール・ポリテクニクの教授となり，ナポレオンの科学・技術振興政策に協力した．

フリードリヒ大王の信頼を得，マリー・アントワネットの寵臣となった人物が，アンシャン・レジームを力づくで倒した大衆の偶像となり，さらには革命の成果をかすめとったナポレオンに多大な尊敬の念をよび起こしたのだ．こうしてラグランジュは，1813年に，伯爵・元老院議員として死んだ．

他方，1749年生まれのラプラスは，18歳でパリ陸軍士官学校の教官となり，大革命が起こるや共和主義者となって度量衡委員会で活躍し，反革命の時代にはナポレオンに取り入って内務大臣に起用され，多くの勲章をぶら下げた伯爵・元老院議員となり，1814年にナポレオンが落ち目になったときには彼の退位に賛成の署名をし，1816年にはエコール・ポリテクニク再編委員長を務め，王政復古後は『確率の解析的理論』でのナポレオンへの献辞を削除し，1827年に貴族院議員ラプラス侯爵として死んだ．

アンシャン・レジームから大革命，ジャコバン独裁，テルミドール，反革命，王政復古へというめまぐるしい激動のなかで，おびただしい血が流され多くの人が転変の人生を歩んだが，ラプラスとラグランジュの二人は，すべての権力に重んじられてきたのである．

にもかかわらず歴史家は，ラプラスを無節操な俗物の野心家と呼び，ラグランジュを歴史をつらぬく崇高な精神のように見る．歴史家だけではない．小説家スタンダールは「卑怯さによって年金をもらった者――ベーコン，ラプラス，キュヴィエ．他方ラグランジュ氏は俗物さがより少なかったと私は思う」と語っている[13]．奇妙なことである．ラプラスが政治と名声にたいする野心をあからさまに示し，ラグランジュが寡黙に歴史に身を委ねたという差はあっても，いずれにせよ，とびきりの数学と物理学の才能のゆえに重んじられただけのことである．「数の科学と物を動かす力の科学が，美しく称讃に価するように思えたのは，多数の人間を必要とする石臼が，送風か水力でまわりだしたときであり，起重機と巻轆轤(ろくろ)が非常に小さな力でもって，巨大な物体の抵抗に打ち勝ったときであり，二四人が汗水たらしてもうまくできなかったことを二人の人間で遊び半分でやってのけることを学んだときであった」と語ったのは――本人自身はどう思っていたかは知らないが客観的には――ベーコンの後継者にして百科全書派の先駆者の位置にいたプリューシュ神父であったが(14)，「知は力なり」というベーコン主義の，そしてフランス啓蒙主義の理想は，この対照的な二人の天才，ラグランジュとラプラスにより人格化されたのだ．

フランス大革命を経てブルジョア社会は，科学・技術振興を国家の政策として位置づけ，研究教育機関の整備と組織化にのり出した．研究は貴族の虚栄心のサロンから国家の利益のための大学へと移され，科学とともに技術を重視した『百科全書』の思想は実現され，大学の重心は，神学から自然科学・工学へと移っていった．そういう事態はいまでこそあたり前だが，19 世紀中頃までイギリスのケンブリッジでは旧めかしくペダンチックな数学が教えられていたのであるから，この変化は大変なことであったのだ．

「数学の進歩と完成は，国家の繁栄と緊密に関わりあっている」（ナポレオン）のである．かくして「ポリテクニクは科学者を教授にし」（ギリスピー），ラプラスやラグランジュが重んじられ，モンジュ，カルノー，フーリエが輩出した．

学者サイドでも国家の方針に迎合していった．同時代人スタンダールは，ラプラス達にたいして次のように書いている.

不思議なことに，詩人たちは勇気があるが，ほんらいの学者たちは奴隷的で卑怯なものだ. ……

これらの諸先生は，自分たちの書いたものによる名誉に自信があるので，学者の名に隠れて政治家になりたがっている. 金銭問題に関しては，寵遇をもとめるときと同様に，彼らは実利に走る. 有名なルジャンドルは一流の幾何学者だが，レジョン・ドヌール勲章をもらったとき，それを燕尾服につけ，鏡で自分の姿を眺め，そして飛び上がって喜んだ(15).

だから，19 世紀末にブレンターノが次のような感慨をもらしたのも，うなずけることである.

偉大なラプラスがフランスの貴族に列せられ，伯爵にまた侯爵に昇叙されたことを聞くとき，この報道は我々にとって殆んど無関心である. しかるにその業績のラプラスに劣ることなきケプラーが，何等この様な褒賞にあずかることなきのみならず無情にも飢餓に頻したこと，また窮乏の結果彼自身の不朽の著書のただ一部をすら所有しえざりしことを聞くとき，我々の心は痛く感動する(16).

思えば，ガリレイ，ケプラーからオイラーを経てラプラス，ラグランジュへの 2 世紀の変化は大きい. そしてこの間に力学は出来上がり，その後は，力学も，物理学者の社会的地位も，現代のそれとあまり変わらなくなった.

第13章　太陽系の安定の力学的証明

I　ニュートンとその後

ラプラスがその大著『天体力学』をナポレオンに献本したときに，ナポレオンが「足下の著書には，宇宙の創造主たる神について一言も触れられていないではないか」と指摘し，これにたいしてラプラスが「私にはそのような仮説は必要ありません」と切り返したというエピソードはあまりにも有名である[*]．

いったい，このやりとりは何を指していたのか．単に一般的な信仰を問題にしていたのではない．これは，ほかでもないニュートンの理論の次の箇所をめぐってのものである．つまりニュートンにとっては「この太陽・惑星・彗星の壮麗きわまりない体系」は「神の深慮と支配」によるものであり（『プリンキピア』第3篇「世界の体系について」の末尾「一般的注解」より），それがいかにして形成され

---

[*] ちなみに，多くの歴史書に書かれているこのエピソードの出処はどこかというと，イギリスの天文学者ハーシェルの旅行日記である．1802年8月8日，フランスを旅行中のハーシェルはラプラスとともにナポレオン総督――まだ皇帝になっていなかった――に謁見を許され，そのとき交された会話であることが日記に記されている．

たのか，あるいはそれが安定であるのか否かは，力学が証明しうる範囲を越えた問題であった．この点である．

前者の太陽系の起源と形成をめぐる問題は，デカルト主義にたいするニュートンの批判という形で展開されている．すでに見たように（第6章），無神論にたいして神の存在を論証するためにニュートンの力学を援用しようと思い立ったのは熱烈な護教論者ベントリーであったが，この問題をめぐってニュートンはベントリーにすこぶる好意的に対応している．というのも，デカルトの理論は単に自然学のレベルで間違っているのみならず無神論につながるものであるという疑念をニュートンも懐いていたからである．

デカルトの宇宙論では，神がはじめに天の物質に一撃を加えて一定量の運動量を与えたのちは，その運動量が保存されるという原理にもとづきまったく機械論的に——ということは神の手をわずらわせることなく——現在の太陽系が形成されると論じられている．いまさらデカルトの理論に深入りしてもはじまらないが，ともかくそれは，宇宙がそれ自身の力学法則のみによって発展するという純機械論的宇宙進化論であり，神の役割を天地創造の一時点のみに限定するものであって，無神論と紙一重であった．

実際ニュートンの見るところでは，「世界がカオスから自然法則だけで生じたという主張は非哲学的」（『光学』）であり，太陽系の秩序そのものが，神の最初の一撃だけでは決して説明されえないものであった．

問題は多岐にわたるが，その一つは，原初の物質分布から重力により物質塊として天体が形成されたときに，なぜあるものは大きな光り輝く恒星や太陽となり，なぜ他の小天体は不透明で冷たい惑星になったのかは，ニュートンにとっては「たんなる自然的原因だけでは説明不可能」なことであり，「自由意志を持った作因（voluntary Agent）の意図と深慮によるもの」だということにある．それにまた，「われわれの太陽系には他のすべてに光と熱を恵む力を持つ天体がなぜ一つあるのかについては，創造主がそれを好都合と考えたという以外の理由を知らぬし，その天体がなぜ一つしかないのかについては，他のすべてを温め光らせるのに一つで充分であるという以外の理由を知らない」のである(1)．

そしていま一つは以下の通りである．ケプラーが楕円軌道と面積定理を発見したことは，なぜ惑星軌道は円ではなくゆがんだ形であるのか，なぜ惑星の運行は緩急を示すのか，その動力因の追究を促さざるをえないものであった（第1章参照）．そして，この問いに最終的に答えたのがニュートンの重力理論である．しかしニュートンの理論によれば，その場合に可能な軌道形は一般の円錐曲線，すなわち円，楕円，放物線，双曲線であることが示される．とするならば，現実の惑星や衛星の軌道が任意の円錐曲線ではなくきわめて円に近い――離心率の小さい――楕円であり，しかもほとんど同一平面上ですべて同一方向に回っているということこそが，逆に説明を要する問題となる．

しかしニュートンはその説明を力学自身には求めなかった．そのこともまた，ニュートンにとっては「神の深慮と支配」を示すものにほかならなかったのである．ニュートンとベントリーが往復書簡で互いの見解をたしかめ合ったのはこの点であった．

〔もしも諸惑星の速度が現に在るものと異なっていれば，あるいは諸惑星の太陽からの距離が現に在るものと異なっていれば，あるいは太陽や惑星の質量が現に在るものと異なりしたがって重力の大きさが異なっていれば〕惑星は太陽のまわりを，また衛星は土星や木星や地球のまわりを，現に在るように同心円的な軌道上をまわりえずに，放物線的に，あるいは双曲線的に，あるいはきわめて離心的な楕円上を動いたでしょう．したがって，そのすべての運動をともなったこの体系を創るためには，太陽や諸惑星という多くの物体の質量とその結果としての重力，および諸惑星の太陽からの距離と諸衛星の土星や木星や地球からの距離，また中心物体の質量のまわりにこれらの惑星が回転する速度を識知し考慮する原動因（cause）が必要とされます．そして，かくも多様な物体にたいしこれらすべての事柄を比較し調整するためには，その原動因が盲目的でゆきあたりばったりのものではなく，力学と幾何学とに通暁しているものであることは明らかであります（1692年12月10日付，ベントリー宛第一信）[(2)]．

そして第二信では，ニュートンはこのいわば「知的能力を備えた原動因」を神と同定している．

という次第ですから，重力は諸惑星を運動せしめることはできるにしても，神の力なくしては，それらをして現に太陽のまわりで行なっているような円運動に置くことはかないません．

したがってこのことから私は，他の理由とともに，この体系〔太陽系〕の構成を知的な作因（intelligent Agent）に帰さざるを得ないのです（1693年1月17日付，ベントリー宛第二信）[(3)].

しかしニュートンにとってさらに重要なことは，そのようにしてはじめに形成された太陽系が，その後も常時神の支配下におかれ神の手を煩わさなければ安定を保てないということであった．というのも，物体のすべての運動が摩擦や粘性により減衰を示すように，太陽系の惑星の運行もしだいに衰え，また惑星軌道のわずかな不規則性――その原因をニュートンは彗星との相互作用に帰したが――が累積してゆくことも考えられるからである．事実，『光学』の《疑問31》でニュートンは「諸彗星や諸惑星の相互作用から生じたと考えられるこのわずかな不規則性は増加する傾向にあり，ついにはこの（太陽）系は改善を必要とすることになるであろう」と論断している[(4)].

したがって，神は，天地創造の後も，太陽系に時折運動を与え消耗されてゆくエネルギーを補塡し，また秩序立った運行の狂いを自ら手を下して調整し直しているはずのものであるとされる．「強力で久遠に生きる作因（powerful ever-living Agent）が，その意志で世界の部分を形成し改善する」のであった．前章で見たモーペルチュイの議論も，この思想を継承している．

この問題は，ライプニッツとニュートン主義のスポークスマンであったクラークとの間の論争においてより鋭い形をとって表現された.

ライプニッツは，どちらかというと，デカルトに近い立場を採り，太陽系の秩序をめぐって,「神の摂理」は完全なものであるがゆえに神の知恵はすべてを予見してその作品を創るのであり，したがって太陽系はひとたび創り出されたのちは「神の修理の必要なしに動く時計」のようなものであるという．これにたいしてクラークは,「神の知恵は，職人が時計を作るように自分がいなくとも動き続けるような自然を作ることには顕われていない」，というのも「神から独立した自然力は存在しない」からであり,「神の力が働き，絶えることなく神の支配が行なわれているからこそ，この神の作品は存立し続ける」と反論している(5).

議論は，太陽系が安定であるのか否かによりも神の摂理は何に顕現しているのかに重点が置かれているようだが，当時の学者にとってこの二つの問題は切り離しえないものであった．もっとも，議論はそれほど単純ではなく，ニュートンの支持者ペンバートンでさえも,「著者〔ニュートン〕の思想が不敬虔であり，自然の創造主にたいして滅びうる作品を作ったと非難するものさえある，と指摘されていることを知っている」，というのも「それは神の知恵を減ずるもの」(6)であるからだ，と述べている．ペンバートン自身は，動物の生が限りあるからといって，それを作った神の知恵が減ずるものではないと防戦しているが．しかし結局のところ，デカルトにせよライプニッツにせよ，神の働きを天地創造の一時点に限定する立場は，事実上は，神の存在をはじめから否定したとしても可能な理論を提供するものであった．クラークはそこをはっきりと見抜き，ライプニッツへの書簡で指摘していた．

この世界は神の干渉がなくとも動き続ける大いなる機械であるという考え方は，唯物論および宿命論のものであって，現実には摂理と神の支配を世界から排除しようとするものです．（1715年第一信）

現在の運動の法則に従っている現在の太陽系の構造はそのうちに混乱に陥るでしょう，そしておそらくその後において，それは修復されるかあるいは新しい形態をとるに至るでしょう．しかしこの改訂は我々の概念に関して相対的であるに過ぎません．実際神にとっては，現在の構造，それに続く無秩序，その後の改新はすべてひとしく神のもともとの完全な観念の中に描かれた計画の部分なのです(7)．（1716年第二信）

18世紀の半ばに哲学者カントは，『天界の一般自然史と理論』（1755）において，宇宙の形成を純機械論的に導き出そうとしたデカルトの企図をニュートン力学に移植して，カオス状態にある物質から引力と斥力とだけを用いて太陽系と銀河系の形成を論じようとした．いわゆるカント＝ラプラス星雲説である．実際カントは，「私に物質的素材を与えてくれたならば，私はそれで世界を作って差し上げよう」と『宇宙論』で語ったデカルトをうけて，「わたくしにはここでは或る意味で不遜ではなしに言いうるように思われる．われに物質を与えよ．わたくしはそれから宇宙を建造しよう，と．すなわち，われに物質を与えよ，わたくしは宇宙がいかにしてそれから生ずるかを諸君に示そう」と語っている．

しかしそのカントは，そのような企てが宗教的にいかに受けとられるものであるのかについても熟知していた．『天界の一般自然史と理論』の序は次のような調子ではじまっている．

わたくしの選んだ主題は，その内面的な困難という面からも宗教との関連からも，大部分の読者にそもそもの始めから敵意ある偏見を持たしめるような主題である．無限の全広袤における創造の森羅万象の広大なひとつひとつを結合して一つの体系たらしめているものを発見し，諸天体そのものの形成やそれらの運動の起源を自然の最初の状態から力学的法則に従って演繹すること．このような洞察は人間の理性の力をはるか遠く踏み越えることのように思われる．他面からすれば，当然最高存在体の直接のみ手がそこに認められるような諸結果を，それ自身に委ねられた自然に帰せしめる大胆不敵が許されるので，宗教がそのような不遜を厳然として糾弾する恐れがあるのであり，またこのような思い上がった考察のうちに無神論者が一種の弁明を見出すことを宗教は恐れるのである．……

信仰の擁護者はこの点についてまず何よりも彼の諸根拠を次のように主張するかもしれない．もしあらゆる秩序と美とから成る宇宙界が，普遍的な運動法則に委ねられた物質の結果にすぎないとすれば，またもし自然力の盲目的な力学が渾沌からこのように壮麗に展開することができ，このように完全さへみずから到達するものとすれば，宇宙構造の美しい光景から人びとが思い及ぶ神的創造主の証明は力を失い，自然はそれ自身で充ち足りており，神の支配は不必要になり，エピクロスはキリスト教のただ中にふたたび蘇り，冒瀆的な哲学が，自然を照らす光明を自然にもたらすところの信仰を足下に蹂躙するにいたる，と[8].

敬虔なキリスト教徒でありなおかつ啓蒙期に足を踏み入れていたカントにとって，問題の所在は見えすぎるほど見えていたのだ．カントは，「唯物論者は，自然の枠組みは物質と運動の，必然と宿命の単なる機械論的原理から生ずると考えますが，哲学の数理原理はこれと反対を示し，諸事物の状態（太陽と諸惑星の構成）は英知的で自由な原因以外からは生じえないことを証示しています[9]」というクラークの批判を知っていたのだ．そして，出るであろう批判をあらかじめ展開したうえで，「わたくしはすべてこれらの困難を十分に見はするけれども，やはり心はくじけはしない．わたくしは当面する障害の全強圧を感じはするが，しかし怯みはしない」と宣言する．やはりカントも啓蒙思想家の一人なのである．カントの生涯は1724年にはじまり1804年におよび，他方クラークの死んだのは1729年であった．つまるところカントの見出した結論は，

> 自然は渾沌のうちにあってさえも規則的に，かつ秩序正しく行動するほかはないのであるから，まさにこの理由によって神は存在するのである[10].

ということであった．もはやカントは，なるほど理神論に与しているとはいえ奇蹟を認めない．それは，ニュートンの世界から神を追放することと事実上同じことであり，カ

ントにとっては神なきニュートンの宇宙こそ人間の認識の到達範囲と確実性とを画するものであった.

話を戻すと，ニュートンやクラークの時代には，作りっぱなしの神かそれとも時々手を入れる神かという対立は，神学上の問題として看過することのできない問題であったが，今から見るとその対立は自然認識の可能性という側面においても決定的な問題である．というのも，前者では一度完全に作られてしまった自然を人間理性は，神の啓示として完全に合理的に捉えることが可能になる．そして自然の合理的な理解可能性を一度確信したのちには，「はじめに作った神」という梯子を外しても差障りはない．他方後者では，人間の理解しうる範囲は限られることになる．梯子は外しえないし，全面的に合理的な認識は決して成立しえないのだ.

ともあれ，太陽系の安定をめぐって作りっぱなしの神か時々手を入れる神かが鋭く対立し，その対立が自然認識の可能性に決定的な分岐をもたらすものであるならば，逆に，太陽系の安定が証明されたならば，人間の自然観は大きな転換を遂げることになる．まさにその太陽系の安定の力学的証明をやってのけたのがラプラスであり，そして冒頭にあげたナポレオンとのやりとりからもわかるように，彼は神の存在という梯子を自覚的に外してしまったのだ．太陽系の秩序について彼は，次のように語っているが，そこで言及されている「原因」は，もちろん力学的なものである.

われわれはここでも規則的な原因の効果を認めぬわけにはいかない．偶然がすべての惑星とその衛星の軌道をほとんど円形にしてしまうことはありえない．これらの天体の運動を決定した原因が，その軌道をほとんど円形にしたことは必定である．彗星の軌道の大きな離心率もまたこの原因の存在の結果であるはずである[11]．

II　問題の設定

18世紀も後半の啓蒙主義の時代に入ると，人はもうクラークやニュートンのような言い方はしなくなったが，それでも太陽系の安定性が力学的に，つまり万有引力と運動方程式だけから証明しうるのかどうかについては確信が持ちきれないでいた．

もっとも問題をこのように立てること自体，18世紀の中期に始まったことである．そして「人は解きうる問題しか立てない」（マルクス）．

太陽系の惑星は，もちろん太陽の引力により太陽のまわりを回っている．それだけなら，軌道は完全な楕円になるわけだけれども，惑星同士も引力を及ぼし合っているから，じっさいには，軌道は楕円から外れてゆき複雑な形になるであろう．もちろん，表13-1のように太陽の質量が圧倒的に大きいから，惑星同士の影響つまり惑星間引力は太陽からの引力にくらべてずっと小さく，短期間の観測では楕円からの外れはそれ程大きくないと考えられる．

問題は，この惑星同士の引力による攪乱が累積し，軌道半径がわずかずつとは言え一方向に大きくなりつづけたりあるいは小さくなりつづけて，ついには太陽系が崩壊するのか，それともこの攪乱が平均値のまわりの周期的な変動をもたらすだけで，太陽系は永久に安定であるのか，ということである．

この問題は理論的・思弁的関心の問題ではなかった．ニュートンとほぼ同時代のハレーは自らの観測結果と約1世紀前のティコ・ブラーエとケプラーの記録を比較して，木星の軌道が永年にわたって収縮しつづけ，他方，土星の軌道が拡大しつづけていることを見出していた．実際に観測されたことは，過去のデータに較べて木星の運動は速く，逆に土星の運動は遅くなっているということである．じつはこの事実にはじめて着目したのは，ケプラーと

表13-1 惑星表（『理科年表（1976)』より）

	長半径 （天文単位）	離心率	軌道面傾斜角 (deg)	周　期 (year)	太陽との質量比 (m/M_s)
水　星	0.3871	0.2056	7.004	0.2409	0.166×10^{-6}
金　星	0.7233	0.0068	3.394	0.6152	2.448×10^{-6}
地　球	1.0000	0.0167	0	1.0000	3.003×10^{-6}
火　星	1.5237	0.0934	1.850	1.8809	3.227×10^{-7}
木　星	5.2028	0.0483	1.308	11.862	9.548×10^{-4}
土　星	9.5388	0.0560	2.488	29.457	2.856×10^{-4}
天王星	19.1914	0.0461	0.773	84.075	4.373×10^{-5}
海王星	30.0611	0.0101	1.774	164.821	5.178×10^{-5}
冥王星	39.5294	0.2484	17.151	248.541	0.552×10^{-6}

ニュートンのちょうど中間に位置していたホロックスであった(12).

ホロックスとハレーの発見通りだとすると，十分に時間が経てばついには，一方で木星が太陽に落ち込み，他方で土星が太陽系の外に飛び出さないともかぎらない．もっともその当時人が現実に懐いていたのは，木星と土星の観測されるこの永年変動が，ニュートンの万有引力論が厳密には正しくないということを示唆しているのではないかという疑惑であった．ブロウハムとラウスの『プリンキピアの解析的概観』には，「数学者と天文学者の注意がこれらの攪乱の研究に向けられたときに，このような大きな不規則性を重力理論と折り合わせる，ないしは，あるきまった規則に服させることは不可能と思われた」とある(13).

1747年にパリのアカデミーは，この土星・木星問題を懸賞問題とした．そしてこれに挑戦したのがオイラーであった．しかし彼の解決は満足のゆくものではなかった(14)．ラウス達によれば，「微分学の偉大な改良者であり，あれほど完璧な解析学者であるオイラーがくり返し挑戦したにもかかわらず失敗したときには，一層絶望的に思われた」のである.

そして問題の解決はオイラーの後を継ぐラグランジュとラプラスに委ねられ，ラプラスが1773～84年の間にあざやかに解いてみせた.

問題は本質的に多体問題であり，3体問題でさえニュートンの運動方程式は特別な場合――ラグランジュの正三角形解・直線解——を除いては解析的な解は求められない．微分方程式を解くための変数分離ができないのである．

こういうふうに問題を表現すると，この困難はニュートンの理論が解析的に書き改められてはじめて持ち上がった問題であるかのように思われる．たしかにこの問題に先鞭をつけたのはオイラーとクレーローである．しかしこの数学的問題の困難さは実際にははやくから知られていたことで，デカルト主義者のフォントネルが書いたニュートン追悼文では，ニュートンの理論の難点をあげつらうようなニュアンスで次のように述べられている．

アイザック卿によればすべての物体は互いに重力を及ぼし合い，その大きさに比例して互いに引き合う．……したがって土星の5個の衛星のそれぞれは他の4個に重力を及ぼし他の4個もそれに重力を及ぼす．そして5個全部は土星に重力を及ぼし土星はそれらに重力を及ぼす．そしてそれら全部が太陽に重力を及ぼし太陽もまたそれら全部に重力を及ぼす．このようなもつれ合った関係を分離できる人物は，どれほどすぐれた幾何学者でなければならないのだろうか！　そんな企てはまったく向こう見ずに思えるし，そして，きわめて取り扱いのむつかしいそれほど多くの別々の理論から組み合わされたそんなにも抽象的な理論から，それほど必然的な結論が生じるとは驚かずしては考えようがない(15)．

なるほどデカルトの渦動理論では直接的接触による力しか働かないから，こんなに複雑な問題は生じないが，それはともかくとしても，ニュートンの理論が一点の曇りもなく立証され勝利するためには，この3体問題ないしは多体問題はないがしろにはできなかったといえよう．

そこで，ラグランジュとラプラスは，これを解くために「摂動論」を開発した．すなわち，はじめに太陽と１惑星だけの系を考えて解を求め（２体問題），その後に，他の惑星の効果（摂動）によるこの２体問題からのずれを逐次近似で求めるものである．

そのさい，２体問題の解を求めるということは，運動の定数——運動方程式の積分——を求めるということであり（第３章参照），ラグランジュとラプラスの摂動論は，無摂動の場合には時間的に不変なこの定数が摂動によって変化する，その変化を求めるという形で表わされる（定数変化法）．ちなみにいうと，積分定数——たとえば軌道の長半径や離心率や軌道面傾斜角など——を従属変数と看做す取扱いをはじめて着想したのもオイラーであった[16]．

III　2体問題からはじめる

そこで，まず２体問題の厳密な解——すなわち運動の定数——を求めることからはじめよう．２体問題は方程式の階数が６であるから，独立な運動の定数も６個でなければならない．もちろん，初期条件も６個のパラメーター（たとえば $t=0$ での位置と速度）で与えられる．

太陽の位置を $\boldsymbol{R}_{\mathrm{S}}$，その質量を M_{S}，着目する惑星（P）の位置を $\boldsymbol{r}_1$，その質量を m とする．

太陽が惑星を引くのと同じ大きさの力で惑星は太陽を引

いている（作用・反作用の法則）から，それぞれにたいする運動方程式は，

$$m\frac{d^2\boldsymbol{r}_1}{dt^2}=-G\frac{mM_{\mathrm{s}}}{|\boldsymbol{r}_1-\boldsymbol{R}_{\mathrm{s}}|^2}\cdot\frac{(\boldsymbol{r}_1-\boldsymbol{R}_{\mathrm{s}})}{|\boldsymbol{r}_1-\boldsymbol{R}_{\mathrm{s}}|}, \tag{13-1}$$

$$M_{\mathrm{s}}\frac{d^2\boldsymbol{R}_{\mathrm{s}}}{dt^2}=+G\frac{mM_{\mathrm{s}}}{|\boldsymbol{r}_1-\boldsymbol{R}_{\mathrm{s}}|^2}\cdot\frac{(\boldsymbol{r}_1-\boldsymbol{R}_{\mathrm{s}})}{|\boldsymbol{r}_1-\boldsymbol{R}_{\mathrm{s}}|} \tag{13-2}$$

となる．ここで，それぞれをそれぞれの質量 m, M_s で割って両方程式の差をとり，

$\boldsymbol{r}=\boldsymbol{r}_1-\boldsymbol{R}_{\mathrm{s}}$ （太陽を原点とするPの位置）

とおくと，方程式，

$$\frac{d^2\boldsymbol{r}}{dt^2}=-\frac{G(M_{\mathrm{s}}+m)}{r^2}\cdot\frac{\boldsymbol{r}}{r} \tag{13-3}$$

が得られる．これが，太陽から見た惑星の運動を表わす（通常，力学では重心を原点にとるが，ここではそうしない）．つまり，太陽から見て惑星は，ポテンシャル

$$V=-\frac{\kappa}{r},\quad \kappa=G(M_s+m) \tag{13-4}$$

のもとでの単位質量の質点の運動を行なうと考えられる．（以下では質量を単位質量として，角運動量やエネルギーに質量の因子を明記しない．）

このような運動方程式の積分（運動の定数）は，すでに第3章Ⅲ（(3-15), (3-18) 式）に求めているので，いきなり結果を書く．すなわち，

$$\boldsymbol{l}=\boldsymbol{r}\times\boldsymbol{v},\quad \text{（角運動量ベクトル），} \tag{13-5}$$

$$\boldsymbol{e} = \frac{1}{\kappa}(\boldsymbol{v}\times\boldsymbol{l}) - \frac{\boldsymbol{r}}{r},\quad \text{（離心率ベクトル）} \qquad (13\text{-}6)$$

の各成分が6個の運動の定数である（$\boldsymbol{l}$ は第3章では $\boldsymbol{h}$ と書いたもの）．そしてこれらの値は，初期値つまり $t=0$ での位置と速度 $\boldsymbol{r}(0)$, $\boldsymbol{v}(0)$ より求まる．

さて，$\boldsymbol{l}$ は軌道面（$\boldsymbol{r}$ と $\boldsymbol{v}$ の張る平面）に垂直で，他方，$(\boldsymbol{l}\cdot\boldsymbol{e})=0$ であるから，$\boldsymbol{e}$ は軌道面上の定ベクトルであることがわかる．

そこで，$\boldsymbol{e}$ と $\boldsymbol{r}$ のなす角を φ（真近点離角）とすると，

$$(\boldsymbol{r}\cdot\boldsymbol{e}) = re\cos\varphi$$

であり，他方（13-6）式より，

$$(\boldsymbol{r}\cdot\boldsymbol{e}) = \frac{1}{\kappa}(\boldsymbol{r}\cdot\boldsymbol{v}\times\boldsymbol{l}) - r = \frac{l^2}{\kappa} - r$$

であるから，すぐさま，楕円軌道の方程式：

$$r = \frac{l^2/\kappa}{1+e\cos\varphi} \qquad (13\text{-}7)$$

が得られる．またこれより $\boldsymbol{e}$ は，大きさ e が離心率で，その方向 $(\varphi=0)$ は近日点（太陽に最も近い点）を指していることがわかる（$e<1$ とする）．また，軌道楕円の長半径 a は，

$$a = l^2/\kappa(1-e^2) \qquad (13\text{-}8)$$

と表わされ，この a と e で軌道の形が決まる．すなわち（13.7）（13.8）より

$$r = \frac{a(1-e^2)}{1+e\cos\varphi}.$$

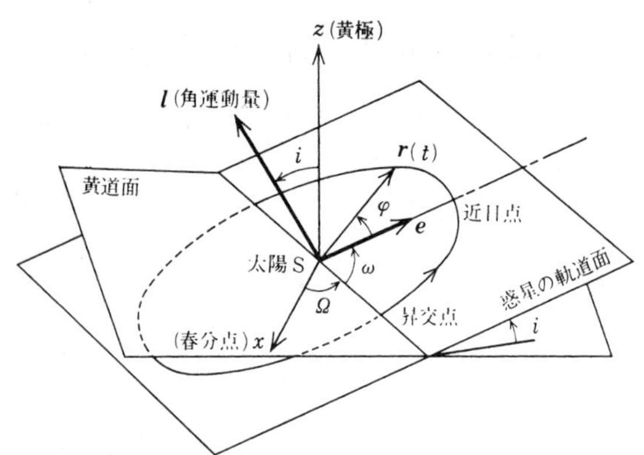

図 13-1　惑星の軌道とケプラーの軌道 6 要素

このように，惑星の運動は $\boldsymbol{l}$，$\boldsymbol{e}$ で完全に表わされるが，三次元空間内での軌道と軌道面の方向を表わすためには，次のパラメータが便利である．太陽を中心に，地球の軌道面（黄道面）を (x, y) 平面，春分点方向を x 軸にとり，図 13-1 に記入した次のパラメーターを用いる．

i：軌道面傾斜角　（惑星の軌道面の黄道面にたいする傾き）

Ω：昇交点経度　（惑星が南から北に黄道面を通過する昇交点の黄経）

ω：近日点引数　（昇交点から近日点までの角度）

この他に，近日点通過時刻 t_0 を併せて，

$$a,\ e,\ i,\ \omega,\ \Omega,\ t_0$$

をケプラーの軌道 6 要素という．

Ⅳ　ケプラー運動

このような惑星の運動をケプラー運動というが，後に必要となるかぎり，その運動のいくつかの特徴をあげておこう．

まず速度 $\boldsymbol{v}$ を動径方向成分 v_r と φ の増加する方向の成分 v_φ にわけると，

$$v_r = \dot{r}, \quad v_\varphi = r\dot{\varphi} \tag{13-9}$$

であるが，他方，角運動量の大きさは $l=r^2\dot{\varphi}$ であるから，軌道の式：

$$r = \frac{a(1-e^2)}{1+e\cos\varphi}, \quad l = \sqrt{\kappa a(1-e^2)}$$

を用いて，これらの速度成分は，

$$v_r = \frac{e\sin\varphi}{a(1-e^2)}l = \frac{\sqrt{\kappa}\,e\sin\varphi}{\sqrt{a(1-e^2)}},$$

$$v_\varphi = \frac{1+e\cos\varphi}{a(1-e^2)}l = \frac{\sqrt{\kappa}(1+e\cos\varphi)}{\sqrt{a(1-e^2)}}$$

と表わされ，これを用いてただちにエネルギー積分：

$$E = \frac{1}{2}v^2 - \frac{\kappa}{r} = -\frac{\kappa}{2a} \quad (\text{一定}) \tag{13-10}$$

が得られる．

つぎに惑星の位置の時間変化を求めておこう．動径ベクトルの回転において面積速度 $\left(\frac{1}{2}r^2\dot{\varphi}=\frac{1}{2}l\right)$ は一定であるが，角速度 $\dot{\varphi}$ は一定ではない．そこで平均角速度 $\boldsymbol{n}$ を次

のようにして求める．公転周期を T とすれば，

$$n = \langle\dot{\varphi}\rangle = \frac{2\pi}{T} \tag{13-11}$$

であるが，他方，面積速度一定より，

$$T = \frac{(\text{楕円の面積})}{(\text{面積速度})} = \frac{\pi a^2\sqrt{1-e^2}}{l/2} = 2\pi\sqrt{\frac{a^3}{\kappa}}$$

である（ケプラーの第3法則）から，平均角速度：

$$n = \sqrt{\frac{\kappa}{a^3}} \tag{13-12}$$

が得られる．$n^2a^3 = \kappa$ はケプラーの第3法則である．

そこで，近日点通過時刻を t_0 として，この平均角速度で動いているとした場合の近日点からの角度，

$$\Phi = n(t-t_0) \quad (\text{平均近点離角}) \tag{13-13}$$

を導入しよう．図13-2のように，Fが一方の焦点で太陽の位置とする楕円の長軸の中点Oを中心として長半径 a を半径とする円をかき，時刻 t での惑星の位置をPとして，Pを通り長半径に垂直にQPRをひく．当然すべての時刻にたいして，

$$\overline{\mathrm{PR}} = \sqrt{1-e^2}\,\overline{\mathrm{QR}}$$

である．ここで，

$$\angle\mathrm{AOQ} = u \quad (\text{離心近点離角})$$

とおく．ところで，面積速度一定より，

$$\frac{\Phi}{2\pi} = \frac{\mathrm{AFP}\text{の面積}}{\text{楕円の面積}} = \frac{\mathrm{AFQ}\text{の面積}}{\text{円の面積}}$$

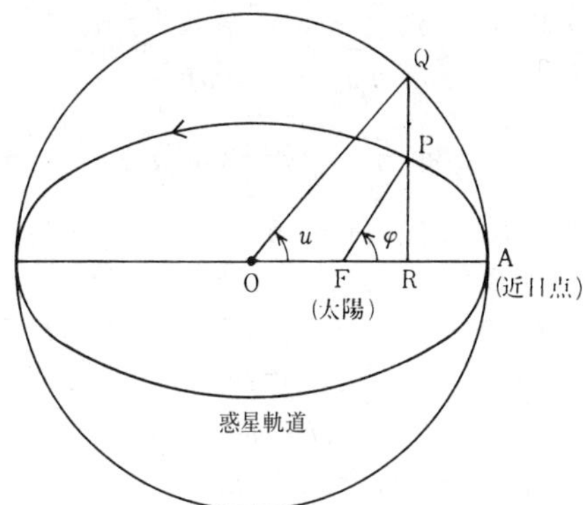

図 13-2 真近点離角（φ）と離心近点離角（u）
F：楕円の焦点で太陽，A：近日点，P：惑星
$\overline{\mathrm{OA}}=\overline{\mathrm{OQ}}=a$，$\overline{\mathrm{OF}}=ae$，$\overline{\mathrm{PR}}/\overline{\mathrm{QR}}=\sqrt{1-e^2}$

と書けるが，$\overline{\mathrm{OA}}=a$，$\overline{\mathrm{OF}}=ae$ に注目すれば，

$$\mathrm{AFQ}\text{の面積} = \mathrm{AOQ}\text{の面積} - \triangle\mathrm{FOQ}$$
$$= \frac{1}{2}a^2u - \frac{1}{2}a^2 e \sin u$$

だから，

$$\Phi = n(t-t_0) = u - e\sin u \quad \text{（ケプラー方程式）} \tag{13-14}$$

が得られる．これを逆に解けば t から u が求まる．以下では，6 要素の t_0 の代りにこの平均近点離角 Φ を用いる．

他方，図 13-2 より u が φ（真近点離角）と，

$$r\cos\varphi = a(\cos u - e),$$
$$r\sin\varphi = a\sqrt{1-e^2}\sin u \tag{13-15}$$

で結びつけられていることが見てとれ，これより

$$r = a(1-e\cos u),\qquad \tan\frac{\varphi}{2} = \sqrt{\frac{1+e}{1-e}}\tan\frac{u}{2} \tag{13-16}$$

が求まり，こうして，時刻tを与えれば（13-14）からuが決まり，（13-16）から，r, φが求められる．

ここで重要なことは，rとφのなかには時刻tが，

$$\varphi = \varphi(e, \Phi(t)),\qquad r = r(a, e, \Phi(t)),\qquad \Phi(t) = n(t-t_0) \tag{13-17}$$

のように，もっぱら時刻tの一次関数である平均近点離角Φを通してのみ入っていることである．

V 長半径についての摂動方程式

さて，この太陽と惑星Pよりなる系に，いまひとつの惑星P′が加わったとしよう（別の惑星がいくつ加わっても議論は同じであるから一つにしておく）．この新しい惑星P′の質量をm'，位置を$\boldsymbol{r}_2$とすれば，Pと太陽の完全な運動方程式は，P′からの引力を含め，

$$m\frac{d^2\boldsymbol{r}_1}{dt^2} = -\frac{GmM_S}{|\boldsymbol{r}_1-\boldsymbol{R}_S|^2}\cdot\frac{(\boldsymbol{r}_1-\boldsymbol{R}_S)}{|\boldsymbol{r}_1-\boldsymbol{R}_S|} - \frac{Gmm'}{|\boldsymbol{r}_1-\boldsymbol{r}_2|^2}\cdot\frac{(\boldsymbol{r}_1-\boldsymbol{r}_2)}{|\boldsymbol{r}_1-\boldsymbol{r}_2|} \tag{13-18}$$

$$M_S\frac{d^2\boldsymbol{R}_S}{dt^2} = +\frac{GmM_S}{|\boldsymbol{r}_1-\boldsymbol{R}_S|^2}\cdot\frac{(\boldsymbol{r}_1-\boldsymbol{R}_S)}{|\boldsymbol{r}_1-\boldsymbol{R}_S|} + \frac{Gm'M_S}{|\boldsymbol{r}_2-\boldsymbol{R}_S|^2}\cdot\frac{(\boldsymbol{r}_2-\boldsymbol{R}_S)}{|\boldsymbol{r}_2-\boldsymbol{R}_S|} \tag{13-19}$$

となる．ここで前と同様にそれぞれをそれぞれの質量で

割って差をとり,

$$\boldsymbol{r} = \boldsymbol{r}_1 - \boldsymbol{R}_{\mathrm{s}},\quad \kappa = G(M+m),$$
$$\boldsymbol{r}' = \boldsymbol{r}_2 - \boldsymbol{R}_{\mathrm{s}},\quad \kappa' = Gm',$$

とおくと, $\boldsymbol{r}$ の方程式 (太陽から見たPの運動方程式):

$$\frac{d^2\boldsymbol{r}}{dt^2} = -\frac{\kappa}{r^3}\boldsymbol{r} - \frac{\kappa'}{|\boldsymbol{r}-\boldsymbol{r}'|^2}\cdot\frac{(\boldsymbol{r}-\boldsymbol{r}')}{|\boldsymbol{r}-\boldsymbol{r}'|} - \frac{\kappa'\boldsymbol{r}'}{r'^3}$$
$$= -\frac{\partial}{\partial\boldsymbol{r}}\left(-\frac{\kappa}{r} - \frac{\kappa'}{|\boldsymbol{r}-\boldsymbol{r}'|} + \frac{\kappa'(\boldsymbol{r}\cdot\boldsymbol{r}')}{r'^3}\right), \quad (13\text{-}20)$$

が得られる. つまり, 惑星Pのポテンシャルは, 太陽の引力によるもの:

$$V(\boldsymbol{r}) = -\frac{\kappa}{r} \quad (13\text{-}21)$$

のほかに, P′ による摂動ポテンシャル:

$$V'(\boldsymbol{r}, \boldsymbol{r}') = -\frac{\kappa'}{|\boldsymbol{r}-\boldsymbol{r}'|} + \frac{\kappa'(\boldsymbol{r}\cdot\boldsymbol{r}')}{r'^3} \quad (13\text{-}22)$$

を含むことになる. (V' の右辺第1項はP′ による直接的な引力の効果, 第2項はP′ が太陽に及ぼす引力を介した間接的な効果を表わす.)

ところで, この両ポテンシャルの大きさを比較すると,

$$\left|\frac{V'}{V}\right| \sim O\left(\frac{\kappa'}{\kappa}\right) \sim O\left(\frac{m'}{M_s}\right) \ll 1$$

であるから (表13-1), 摂動力の影響は小さい (〜は「同じ程度 (order) の大きさ」を表わす). したがって1周期ぐらいの間には, 軌道形はそれほど大きくは変わらないであろう.

そこで，2体問題（太陽と惑星P）の場合の軌道形が摂動力によってゆっくり変化してゆくものと考える．言いかえれば，軌道はもはや厳密には楕円ではないので軌道6要素は意味がないように思われるが，摂動がない場合（第0近似）に導入した軌道要素が摂動により時間的にゆっくり変化すると考え，時間の関数としての軌道6要素

$$a(t),\ \ e(t),\ \ \omega(t),\ \ \cdots$$

によって惑星の運動を表わすものである．$a(t)$，$e(t)$ 等は，かりに時刻 t に摂動力がなくなったと仮定したならばその後に惑星がとるであろう楕円軌道の要素で，接触軌道要素と呼ばれる．そして，接触軌道要素の変化を周期平均と周期内変動に分けて扱う．

ラプラスの表現では，「これらさまざまな摂動を扱う最も単純なやり方は，その軌道要素がわずかずつ変化する楕円上を楕円運動の法則に則って運行する惑星を想定し，同時に，真の惑星はこの仮想的惑星の近くで，周期摂動により決まるきわめて小さい範囲内で振動するものと考える」[17]ことである．

接触軌道要素の時間変化の方程式はラグランジュにより求められ，摂動方程式と呼ばれている．通常の力学の教科書にはこの方程式は書かれていない．また，天体力学の教科書では，大抵は正準変換とハミルトン－ヤコビの方程式から導かれているが，ここでは長半径だけが問題だから，初等的に求めてみよう（他の要素についても初等的に求まるが，計算は相当大変である）[18]．

方程式（13-20）の両辺にたいして $\boldsymbol{v}=\dfrac{d\boldsymbol{r}}{dt}$ との内積をとると，

$$\left(\boldsymbol{v}\cdot\frac{d\boldsymbol{v}}{dt}\right)=-\left(\frac{\partial V(\boldsymbol{r})}{\partial\boldsymbol{r}}\cdot\frac{d\boldsymbol{r}}{dt}\right)-\left(\frac{\partial V'(\boldsymbol{r},\boldsymbol{r}')}{\partial\boldsymbol{r}}\cdot\frac{d\boldsymbol{r}}{dt}\right)$$

となるが，右辺第1項を左辺に移し，軌道面に垂直な軸を ξ 軸として，

$$\frac{d}{dt}\left(\frac{1}{2}v^2+V\right)=-\left(\frac{\partial V'(\boldsymbol{r},\boldsymbol{r}')}{\partial\boldsymbol{r}}\cdot\frac{d\boldsymbol{r}}{dt}\right)$$

$$=-\left(\frac{\partial V'(\boldsymbol{r},\boldsymbol{r}')}{\partial r}\frac{dr}{dt}+\frac{\partial V'(\boldsymbol{r},\boldsymbol{r}')}{\partial\varphi}\frac{d\varphi}{dt}+\frac{\partial V'(\boldsymbol{r},\boldsymbol{r}')}{\partial\xi}\frac{d\xi}{dt}\right)$$

が得られる．（注意！ $V(\boldsymbol{r})$ は $\boldsymbol{r}$ だけの関数だからこのように左辺の時間導関数にまとめてよいが，$V'(\boldsymbol{r},\boldsymbol{r}')$ では $\boldsymbol{r}'$ も時間を含むから，直接に時間導関数に書くことはできない．なお (r,φ,ξ) は円筒座標をなしている．）

ここで，左辺の（　）内は，2体問題の場合のエネルギー（13-10）であり，

$$E=\frac{1}{2}v^2+V(\boldsymbol{r})=-\frac{\kappa}{2a(t)}$$

と書けるから，$a(t)$ についての方程式

$$\frac{da(t)}{dt}=-\frac{2a(t)^2}{\kappa}\left(\frac{dr}{dt}\frac{\partial V'}{\partial r}+\frac{d\varphi}{dt}\frac{\partial V'}{\partial\varphi}+\frac{d\xi}{dt}\frac{\partial V'}{\partial\xi}\right)\quad(13\text{-}23)$$

が得られる．ここまでは何の近似もしていない．

さて，右辺には小さい因子 $(\kappa'/\kappa=m'/(M+m)\ll1)$ がかかっているので，第1近似では右辺の中の $a,e,\cdots$ の時間

変化は無視してよい．そのとき，rやφの時間変化は平均近点離角Φを通して以外にはなく，ξは一定($\xi=0$)，また，V'においては，Φはr, φにしか含まれないから，

$$\frac{dr}{dt}\frac{\partial V'}{\partial r}+\frac{d\varphi}{dt}\frac{\partial V'}{\partial \varphi}+\frac{d\xi}{dt}\frac{\partial V'}{\partial \xi}=\frac{d\Phi}{dt}\cdot\frac{\partial V'}{\partial \Phi}=n\frac{\partial V'}{\partial \Phi}$$

となり，最終的に，

$$\frac{da(t)}{dt}=-\frac{2a^2n}{\kappa}\cdot\frac{\partial V'}{\partial \Phi}=-\frac{2}{na}\cdot\frac{\partial V'}{\partial \Phi} \qquad (13\text{-}24)$$

が得られる（ケプラーの第3法則$\kappa=n^2a^3$を用いた）．

これが，長半径aに関する**ラグランジュの摂動方程式**である．ラグランジュは『解析力学』第2部・第7章でこれを導いている．

ここで重要なことは，$\dfrac{da(t)}{dt}$はV'のΦによる微分だけで表わされ，たとえばaやeやiによる微分を含まないということである．このことは，軌道6要素のうちで$a(t)$についてだけ言えることで，次節で見るように，太陽系の安定にとって，この点が決定的な役割を果たしている．

Ⅵ　ラプラスの定理

さて，これだけの準備をしていよいよ太陽系の安定の証明にとりかかる．はじめに，摂動ポテンシャル，

$$V'(\boldsymbol{r},\boldsymbol{r}')=-\frac{\kappa'}{|\boldsymbol{r}-\boldsymbol{r}'|}+\frac{\kappa'(\boldsymbol{r}\cdot\boldsymbol{r}')}{r'^3}$$

についてもう少し詳しく考えてみよう．

r と **r′** はそれぞれの軌道6要素で表わされるから，V' は12個のパラメーターの関数である．そのうち，a, e, i, a', e', i' については巾展開し，$\Phi, \omega, \Omega, \Phi', \omega', \Omega'$ についてはフーリエ展開すると，一般には，

$$V'(\boldsymbol{r}, \boldsymbol{r}') = \sum A_{\lambda\mu\nu\lambda'\mu'\nu'} \begin{matrix}\cos\\ \sin\end{matrix} \{\Theta_{\lambda\mu\nu\lambda'\mu'\nu'}\}, \tag{13-25}$$

$$\left[\begin{array}{l} \Theta_{\lambda\mu\nu\lambda'\mu'\nu'} \equiv \lambda\Phi + \mu\omega + \nu\Omega + \lambda'\Phi' + \mu'\omega' + \nu'\Omega' \\ \qquad\qquad = (\lambda n + \lambda' n')t + \Psi_{\lambda\mu\nu\lambda'\mu'\nu'} \\ \text{ただし} \\ \Psi_{\lambda\mu\nu\lambda'\mu'\nu'} \equiv -(\lambda n + \lambda' n')t_0 + \mu\omega + \nu\Omega + \mu'\omega' + \nu'\Omega' \end{array}\right]$$

と表わされる．ここに，$A_{\lambda\mu\nu\lambda'\mu'\nu'}$ は a, e, i, a', e', i' の巾級数であり，和は，$\lambda, \nu, \mu, \lambda', \nu', \mu'$ の $-\infty \sim +\infty$ のすべての整数についてとる．

ところで，$V'(\boldsymbol{r}, \boldsymbol{r}')$ はスカラーで，右手系→左手系の変換（z 軸を逆転させる）によっても不変である．他方，この変換によってフーリエ展開の変数は，

$\Phi,\ \omega,\ \Omega,\ \Phi',\ \omega',\ \Omega' \rightarrow -\Phi,\ -\omega,\ -\Omega,\ -\Phi',\ -\omega',\ -\Omega'$

と変換されるから，展開（13-25）の中には，$\sin\Theta$ の項は含まれない．

したがって，$V' = \sum A\cos\Theta$ と書け，摂動方程式は，

$$\frac{da(t)}{dt} = -\frac{2}{na}\frac{\partial V'}{\partial \Phi}$$

$$= +\frac{2}{na}\sum A_{\lambda\mu\nu\lambda'\mu'\nu'} \times \lambda \sin\{(\lambda n + \lambda' n')t + \Psi_{\lambda\mu\nu\lambda'\mu'\nu'}\} \tag{13-26}$$

となり，この右辺に定数項はなく，また時間は $\varPhi$ と $\varPhi'$ を通して sin のなかに含まれるだけであるから，展開はすべて周期項よりなっている（これは，$\dfrac{da(t)}{dt}$ が a, e, i についての微分を含まないことの結果である）．

それゆえ，充分長時間にわたって時間平均をとれば，

$$\left\langle \frac{da(t)}{dt} \right\rangle = 0 \tag{13-27}$$

であり，長半径が一方向に大きくなりつづけたり小さくなりつづけたりはしない．言いかえれば太陽系は力学的に安定である．この結果を**ラプラスの定理**といい，18 世紀末にラプラスが証明したものである．ただし ω や Ω は永年変化を含みうるので，軌道がゆっくり一方向に回転し続けることはありうる。

以上の議論はラプラスの『天体力学』の第 2 巻・第 7 章 § 53〜55 に述べられている．そこでは長半径 a ではなく平均角速度 n で計算されていて「もしも攪乱質量の第 1 次のみをとるならば天体の平均運動は均一であろう．つまり $\dfrac{dn}{dt}=0$．a の値は $n^2=\dfrac{\kappa}{a^3}$ によって n に結びつけられているので，もしも周期的な量を無視すれば軌道の長半径は一定である」（§ 55）と結論づけられている[19]．

（もちろんこれは，ラプラス自身も断わっているように摂動の第 1 近似での話であるが，第 2 近似までとってもこの定理のなりたつことはポアソンが証明した．したがって，

ときにはラプラス‐ポアソンの定理と言われる.）

Ⅶ　木星-土星問題

ここでホロックスとハレーが発見した木星と土星の永年変動の問題を考えてみよう．すなわち土星の軌道拡大と木星の軌道収縮である．もっとも実際に観測される異常は長半径 a 自身についてではなく，平均近点離角：

$$\Phi(t) = \int_{t_0}^{t} ndt, \quad (n=\sqrt{\kappa/a^3})$$

の均差（inequality）；

$$\Delta\Phi(t) = \int_{t_0}^{t} \Delta ndt, \quad (\Delta n=-\frac{3}{2}\frac{n}{a}\Delta a)$$

である.

木星と土星の公転周期は，表 13-1 によれば,

$$T\ (\text{木星}) = 11.862\ \text{year}$$
$$T'\ (\text{土星}) = 29.457\ \text{year}$$

したがって平均角速度は,

$$n = 109256''/\text{year} \qquad (109256''/\text{year})$$
$$n' = 43996''/\text{year} \qquad (43997''/\text{year})$$

である（括弧内はラプラスが『天体力学』で用いたもの).この比は 5 ： 2 にきわめて近い．このように周期の比が比較的小さい整数の比に近い比例関係になるとき，天文学では「共約的（commensurable)」といっている.

したがって，方程式（13-26）を積分した,

$$a(t)=\bar{a}-\frac{2}{na}\sum\frac{\lambda}{\lambda n+\lambda' n'}A_{\lambda\mu\nu\lambda'\mu'\nu'}\times\cos\{(\lambda n+\lambda' n')t+\Psi_{\lambda\mu\nu\lambda'\mu'\nu'}\}$$

において（$\bar{a}$ は平均値），

$$\lambda=-2,\ \lambda'=5,\ \text{および}\ \lambda=2,\ \lambda'=-5$$

の項にたいしては，$\lambda n+\lambda' n'=2\pi\left(\frac{\lambda}{T}+\frac{\lambda'}{T'}\right)\cong 0$ となり，

$$\left|\frac{1}{\lambda n+\lambda' n'}\right|\cong\frac{9\times 10^2}{2\pi}\ \text{year}$$

がきわめて大きな値になる．そのため，長半径の変動においてこの項の影響が特段に大きい．とくに平均近点離角のずれに直してみると，

$$\Delta n=-\frac{3}{2}\frac{n}{a}(a(t)-\bar{a})$$

$$=\frac{3}{a^2}\sum\frac{\lambda}{\lambda n+\lambda' n'}A\cos\{(\lambda n+\lambda' n')t+\Psi\}$$

だから，均差は，もう一度積分すると，

$$\Delta\Phi=\frac{3}{a^2}\sum\frac{\lambda}{(\lambda n+\lambda' n')^2}A\Big[\sin\{(\lambda n+\lambda' n')t+\Psi\}\Big]_{t_0}^{t}$$

のように $(\lambda n+\lambda' n')^{-2}\cong 2\times 10^4$ というきわめて大きな因子を含み観測にかかるだけの大きなずれになってくる．しかも，木星と土星の質量は太陽系の両横綱（表13-1）で，摂動ポテンシャルそのものが他の惑星の場合よりも大きい．

他方，この項の変動周期 T_L は，

$$T_L=\left|\frac{2\pi}{\lambda n+\lambda' n'}\right|\cong 9\times 10^2\ \text{year},$$

できわめて長いから，100年や200年間くらいの観測ではあたかも一方向に変動しているかのように見える．またこの同じ式をもう一方の惑星についてかけば，λ と λ' が入れ代るだけであるから，変動周期は同じで変動の符号が逆になり，一方は軌道拡大，他方は軌道収縮を示す．

このような変動を長周期摂動という．

（もちろん，充分大きな整数を選べば T と T' に近い整数比はつねに求められる．しかし，λ や λ' が大きければ，通常 $A_{\lambda\mu\nu\lambda'\mu'\nu'}$ は e や i の高次の巾よりなり，太陽系では e, i はすべて小さいからその効果は問題にならない．**長周期摂動は**，$T:T'$ **が小さい整数比のときに生ずる**．）

こうしてラプラスは，1784年に木星・土星問題を解決し観測結果を美事に説明した．ラプラスの結果では，均差は1560年に最大で，土星は48′44″，木星20′49″になり，$\frac{1}{4}$ 周期後の1790年には平均運動になる．そして彼は土星にたいして43個の観測値とくらべて，2分以内で理論と一致することを示した．この差は，のちには両惑星にたいして12秒まで引き下げられた(20)．この成功は，ラプラスおよび当時の人々にとっては，ニュートンの重力理論の正しさを決定的に立証したという意味を持った．『天体力学』第6巻の序文には次のような勝利宣言が書かれている．

> 惑星同士の相互引力が重要になるのは，おもに木星と土星の間，つまり惑星系の2個の最大物体の間である．それらの平均

運動はほぼ共約的である．つまり木星の周期の5倍が土星の周期の2倍にほぼ等しい．そしてこれら2物体の運動の大きな均差はこの事情に由来する．これらの運動の法則と原因が知られていなかったときには，それらは長い間万有引力の法則の例外をなすものと考えられていた．しかし今ではそれは万有引力の法則の正しさの著しい証明になっている[21]．

このようにして万有引力の法則は勝利を収め，ラプラスによればニュートン力学は最も深刻な危機を自力で脱出したとされた．結局，ラプラスが描き出した太陽系は次のようにまとめることができるであろう．

万有引力だけで相互に結びついた太陽と複数個の惑星からなる太陽系では，太陽からの引力により個々の惑星は楕円軌道を描くが，惑星間の引力により，その軌道運動は影響を受ける．しかしその影響は軌道形にたいしては振動的な変動を加えるだけで，時間的に平均すれば，惑星軌道はゆっくりとその向きを変えてゆくことはあっても，基本的には楕円的な周回を永続的に続けるのであり，その意味で太陽系は安定なシステムである．

このことは，万有引力理論の正しさを証明しただけではない．それと同時に，惑星の運動はいずれ減衰しそのため太陽系はやがて混乱に陥るが，その危機を見張り修復するために神が存在すると語ったニュートンやクラークの理解を過去のものとしたことになる．ニュートンから1世紀で力学は完成を迎え，同時にニュートンが立脚していた神学的基盤が完全に追放されたのであった．古典力学の最高の成果である．しかし，この成功によって人間の自然を見る目も大きく変わらざるを得ない．

その後の歴史にすこし触れておこう．

重力論およびラグランジュとラプラスの摂動理論の正しさをあらためてそして決定的に印象づけたのは，19世紀中期の海王星の発見であった．1781年にハーシェルが発見した天王星は，土星や木星による摂動を考慮しても説明のつかない奇妙な運動をした．当時これにたいしては，宇宙空間に充満するエーテルの抵抗とか，彗星との衝突というような，いかにも ad hoc つまりその場しのぎの説明の他に，天王星と太陽の間のような遠距離では重力の逆2乗則は成り立たないのではないかという説も唱えられていた．もちろん一番強力な説は，天王星の外側に未知の惑星が存在し，その摂動によるというものであった．

この問題に挑戦したのがイギリス人アダムスとフランス人ルヴェリエであり，彼らは未知惑星の存在を仮定し，天王星の運動の観測——理論値と観測値のずれ——から未知惑星の位置と質量を推定——逆摂動計算——し，ルヴェリエの指示通りの位置に指示通りの大きさと速度を持つ新惑星をベルリン天文台のガレが発見した．1846年9月23日のことである．ちなみに，そのときのルヴェリエの指示は，地心黄経324°58′，速度68.7″/day（＝2.8″/hour），視直径3.3″の8等星で，ガレの発見したものは，地心黄経325°52′45″，速度3″/hour，視直径が3回の観測でそれぞれ2.9″，2.7″，3.3″の8等星であった．

人類は重力理論とニュートン力学にもとづいてはじめて惑星の存在を予言したのである．それはまた，ラグランジュとラプラスの開発した摂動理論の有効性の証明でもあった．

この計算に当ってルヴェリエは，重力法則の変更という可能性については，「（観測値と理論値の）喰い違いの他のすべての可能な原因がことごとくよく吟味され退けられたのちの最後の避難所である」と語り，重力理論への確信を表明している．また，発見者ガレの上司でガレの発見をルヴェリエに知らせたベルリン天文台長エンケは，「貴下の名前は万有引力の考えられる最も顕著な証明に永遠に結びつけられるでありましょう」と記している．重力を疑うものは最早いなくなった[(22)]．

ニュートンにとって太陽系の秩序は「神の万能」の証拠であったが，ラプラスとその後の人々にとってそれは「力学と重力理論の万能」を証拠づけるものであった．もはや神を必要としなくなったのだ．

第14章　力学的世界像の形成と頓挫

I　「力学的神話」と汎合理主義

ダランベールとラグランジュによる解析力学の確立，とりわけ力学の基礎方程式の汎用化（ラグランジュ方程式）と，ラプラスによる太陽系の安定の証明は——もちろんその後19世紀を通じてのハミルトンやヤコビによる力学の形式面でのさらなる整備やアルゴリズムの開発という発展はあるにしても——古典力学の最高の到達点といえよう．なによりも重要なことは彼らによって提唱された力学思想が一つの自然観，ひいては世界像としての地歩を占め19世紀物理学を支配したことである．

エルンスト・マッハは名著『力学史』で次のように語っている．

> 18世紀フランスの百科全書派は自然全体を物理学的力学的に説明するという目標が達せられるのも遠くないと信じていた．……しかし，一世紀後，もっと慎しみ深くなった私達からみれば，百科全書派の意図した世界観は，旧来の宗教のアニミズム的神話と逆の立場にある力学的神話のように思える(1)．

マッハがこれを書いたのは19世紀末であり，彼はこの

500ページにわたる著書を主要に力学的自然観の批判のために書き上げたのである．しかるに彼は一先駆者で，もちろん19世紀後半の大多数の人々は力学的自然観を「神話」とは思っていなかった．いや，ほとんどの物理学者は力学的自然観を，自覚的にせよ無自覚にせよ受け容れ信奉していたのだ．

もとより，力学的自然観ないしは力学的世界像という言葉には広がりを持った意味が込められ，また様々なレベルで語られていて，必ずしも一義的な規定が与えられているとはいい難い．したがって，批判者がその言葉で何を指していたのかを見るためには，批判者自身の立場を明らかにしておかなければならないことである．

では，マッハが「力学的神話」と語ったとき，彼は何を言おうとしていたのか．

マッハ自身の立場は，大略次のようにまとめられよう．わたくしたちにとっての「世界」とはあくまでわたくしたち人間の見る世界であり，その「世界」の窮極的構成要素は〈感性的諸要素の複合体〉でしかない．つまり，通常「物」「物体」「物質」等と称されているものは，色とか明暗とか味とか手ざわりとかの要素が複雑に連関し依属しあっている複合体にたいする記号なのである．したがってわたくしたちが識りうるものは，それらの多彩な感性的諸要素の依属関係に尽きているのであり，また，その依属関係はさまざまな形の関数的関係において与えられうるものでなければならない(2)．

とすれば，それらの要素複合体を時間・空間内での位置と延長，あるいはせいぜい質量と他にたいする力学的作用能力のような力学的規定性のみを持つ力学的物体と捉えることも，さらにはその諸要素間の依属関係を，原因としての力が結果としての運動変化を惹き起すという時間の常微分方程式で表現される力学的因果律のみに限定することも，人為的で一面的なことでしかないことになる．

純粋に力学的な現象は存在しない．質量が互いに加速度を規定しあう，とすれば，これは純粋に運動現象であるようにみえる．しかし実際は，いつでもこの運動には熱的，磁気的，電気的変化が結びついており，これらが現われてくるに応じて，運動現象は修正をうける．また逆に，熱的，磁気的，電気的，化学的状況も運動を規定することができる．**したがって純粋な力学現象とは**，見通しをよくするために，**故意または必要にせまられて設けた抽象である**．（マッハ同上，強調引用者）(3)

もちろんこの限りではマッハの批判は，力学的なものの見方の一面性を指摘しているにすぎない．同じように熱学的な見方も電磁気学的な見方も一面的であるといえよう．しかしそのように相対化できるのは20世紀のわたくしたちの特権であって，19世紀の時点でマッハがこのように力学的認識を他の諸々の物理学的認識にたいして相対化したことの持つ意義は，現在とは比較にならない．というのも19世紀においては，力学は物理学の全論理構成の首位にあり，すべての自然認識の根拠と土台を与えるものであると相当に広く信じ込まれていたからである．この問題こそ――すぐ後で見るように――19世紀後半において，熱力学第1法則をめぐってエネルギー論者と力学論者とに物理学思想界を二分する時代の争点になったものだが，マッハの「力学的神話」という批判もこの点に収斂してゆく．すなわち「力学は物理学の残りの分科すべての基礎と考えねばならず，あらゆる物理現象は力学的に説明されるべきだ，という見解は一つの偏見であると思う．(同上)」

しかしここで「力学的神話」として「一つの偏見」として批判されている立場――すなわち力学が他の物理学諸分科の土台を与えるという立場，そして物質の諸属性はすべからく力学的に規定されているという立場――には，裏返して見るならば，物理学的認識というものは一個の原理の上に切れ目なく繋がって構成される単一の認識であるという汎合理主義と，さらに遡れば，その単一の原理――すなわち力学の原理――は論理的・必然的な真理であるとする先験主義（アプリオリズム）とが伴っている．そしてこの点にこそ力学的自然観のメルクマールが存するのである．

いったいこのような先験主義と汎合理主義の歴史的起源はどこまで遡るのだろうか．

もちろんそれはニュートンによるものではない．むしろニュートン力学を既成のものとして賛美して受け容れたフランス啓蒙主義者にこそ，その起源は求められなければならない．すでに見てきたように「明証性の刻印を押されたと見なされるのは代数学・幾何学および力学しかない」と語ったのはダランベールであった（第11章参照）．また，たとえダランベールが経験論者であると自認し，ロックに倣ってデカルト的生得観念を追放したとしても，あるいは形而上学的な存在論を排して第一原因を求めなかったにしても，彼の経験論が力学の公理論的・演繹的な展開を妨げなかったばかりか，むしろ助長したという逆説もすでに見てきたことである．

そして，ひとたび力学の諸原理に普遍必然的真理性を認め，力学に数学と同レベルの明証性を与えたならば，そこから自己完結した物理学という汎合理主義への途上には何の障害もなくなるであろう．じっさいダランベールは，『百科全書』の『序論』で次のように語っているが，そこには経験論者ダランベールの面影はもはやない．

> 物理学的な諸真理や私たちがそのつながりに気づく物体の諸属性についても事情は〔数学の場合と〕同じである．充分に関係づけられたこれらの属性の全体は，厳密に言えば，単純でただひとつの知識を私たちに与えるにすぎない．……私たちがその第一原因までさかのぼることができるならば，それはただひとつの効力であろう．宇宙は，それをただひとつの観点から包括しうるような人にとっては，こういってよければ，ただひとつの事実，ただひとつの大きな真理にすぎないであろう[(4)]．

これは典型的な汎合理主義の主張である．ダランベールが力学的世界像の最初の提唱者であるということは，窮極的にはこの点にある．もちろんダランベールが，当時の科学の現状を把握し，力学と天文学以外の諸科学の性急な体系化を戒め物理学の他の部門を「一般実験物理学」として事実の蒐集と帰納的方法の重要性を指摘していたことは，以前に見たとおりである．しかし，歴史的現実としての科学の状況認識とは別に，科学のあるべき姿，物理学の目指すべき方向として，宇宙を「ただひとつの真理」から説明するという理想をいだき，その可能性を信じていたことはたしかである．

ところで，こういうダランベールの汎合理主義を読むと，ダランベールが乗り越えたと自認しているデカルト観念論の根深い後遺症をそこに見ないわけにはゆかない．いや，それはデカルトの認識理想そのものではないのか．つまりデカルトが『方法序説』で，

> どんなものであれ，たまたま人間の認識のもとに入ってくる可能性のあるものは，同じぐあいにつながりあっているということであり，またほんとうでないものは何ひとつほんとうのものとして受けとるのをさしひかえ，ひとつのことから他のことを演繹するために必要な順序をいつも守りさえすれば，どんな遠いものでも，しまいにたどりつくことのできないものはないし，どんなに隠されたものでも発見できないものはない(5)．

と語った認識理想が，ダランベールにそのまま反響しているのだ．結局のところ，フランス啓蒙主義は，ニュートンに依拠してデカルト主義と闘いながら，ついにはデカルト主義に同化されざるを得なかったといえよう．とすれば

マッハが批判した「力学的神話」の窮極の発生源は，フランス啓蒙主義を介したニュートン力学とデカルト観念論のいささか奇妙な癒着にまで遡ることになる．それゆえ，その運命も，現在のわたくしたちから見れば，あまりよい星のもとにはなかったことが頷けよう．

すでに見てきたとおり，デカルト自然学は，それはそれとして首尾一貫していたとはいえ完全に破産した．だいいちそれは，現実の自然現象を満足には説明できなかった．『百科全書』自身がその破産を高らかに宣告している．そしてデカルト自然学が決定的に躓いたのは重力をめぐってであった．つまり，物体をいわゆる第一性質だけを有する幾何学的物体に還元するかぎり，物質の持つ作用能力としての重力を認めることができなかったのだ．

顧みれば，ケプラーがはじめて天体間に働く重力というものを提唱したとき，彼はその観念を霊力や生命力というどちらかというと物活論，あるいは生物態的世界像の概念から借用したのであった．ニュートンはこのケプラーの重力に関数形式を与えて首尾よく力学体系に導入しながらも，しかしその存在論的ないしは実体論的起源については，「絶対力」という概念によって問題の所在を認めつつも，『プリンキピア』の論述範囲からは締め出さざるを得なかったのであり（前述，第11章Ⅳのおわり参照），また重力がいかにして天体間に働きうるのかという点に関しても，最終的には霊的なスピリットないしは遍在する神の意志に委ねざるを得なかったのである．

他方，デカルトはもとより，物理学の方法に革命をもたらし近代自然科学の方法を最初に作り上げたガリレイも，機械論者であるがゆえに重力を認めることができなかった．この点では，重力を含めて全力学現象を物体の不可透入性のみから演繹しようとしたオイラーのエーテル仮説の思想も同根である．

現代においても，たとえばファインマンは，重力——ひいては力一般——が，$\boldsymbol{F}=m\boldsymbol{a}$という法則だけでは表現されえないある〈独立した性質〉を持つものであるとして（前述，第11章Ⅳ），古典力学の論理構成にたいして外在的なものであることを認めている．物理学者ワイツゼッカーもまた，「力」が力学にとって〈偶有的〉なものでしかないことを指摘している．すなわち「一般力学の教えるところは，実際にいかなる種類の力が存在しなければならないかという点にはない．というのは，力は，その〔力学の〕法則からすれば何か偶有的なもののように現われるからである．」(6)

もちろん，重力——あるいは力一般——が力学理論にとって外在的で偶有的なものでしかないということ自体は，物理学理論としての古典力学の成立を妨げるものではない．もともと近代の個別科学は，自己完結性や完備性および先験的真理性を放棄することにおいてはじめて成り立っているものである．しかし，古典重力論を含む古典力学がデカルト自然学のように普遍必然性と自己完結性とを主張するとなると，話は別である．

そしてダランベールは，そこまでいってしまったのだ．ダランベールは，一方では経験論者として，ある関数形式で与えられた重力が現象をよく説明するということに満足しながらも，他方では力学の公理論的・演繹的構成を試み，力学を先験的に位置づけようとした．それゆえ，このようにして構想された汎合理主義的自然観がどのように精巧化されたとしてもそれが決して全面貫徹しえないことは，当初から運命づけられていたのである．

II　汎力学的物質観＝汎力学的法則観

ダランベールの提唱した力学的自然観は，しかしその実現はまだまだ先のことであるという了解の上に語られているのであって，雲をつかむようなところがある．そのかぎりでは啓蒙主義のオプティミズムの表明と聞き流してもよい．この力学的自然観を一歩推し進めて物質化したのは，ラプラスであり，ラプラスの成果によって人間の宇宙観——したがってまた世界像——はまったく近代的なものに変貌をとげることになる．

もはや太陽系は，アリストテレスやスコラ哲学のいう月より上の世界にある第五元素の永遠の運動を表わすものでもなければ，ニュートンやクラークのいうような神の支配と深慮に委ねられ時には神の手をわずらわせる必要のある秩序であることをやめた．ラプラスの手によって永遠に安定な自動機械のような太陽系が登場したのだ．理神論に妥協した啓蒙主義の先駆者ヴォルテールも，ラプラスの定理によって過去の人になってしまった．

ではラプラスはダランベールの思想をどれだけ，またどのように進めたのだろうか．

マッハの批判した「力学的神話」を，力学は物理学の全論理構成の首位にあるとする立場だと規定するならば，それは諸学問の体系的構造というレベルでの規定といえるが，自然科学の対象としての存在物のレベルで見るならば「力学的神話」を汎力学的物質観＝汎力学的法則観と規定することもできよう．平たくいえば「物理的実体はすべてに先立って力学的規定を有すると決め込んでいる自然観」（広重徹）のことである(7)．そしてこの汎力学的物質観＝汎力学的法則観は，力学をどのように捉えようとも人が「力学的自然観」と語るときに共通に了解されている契機である．もちろん物質観といっても法則観といっても，物質を規定するものが物質の変化や振舞いを決定する法則でしかないかぎり，両者は同じことである．

そしてラプラス自身の思想も，物質観＝法則観において力学的自然観を典型的に体現している．

次の一文は1816年の『確率についての哲学的試論』のものであるが，彼が単一の物質観＝法則観を表明していることは明白であろう．

彗星の運動について天文学がわれわれに見せるあの規則正しさが，あらゆる現象についても起こることは疑いない．空気や水蒸気のたった一つの分子がえがく曲線も，惑星の軌道と同じくらい正確に規制されている．われわれが無知だからそこにはちがいがあると思うにすぎない(8)．

ここで議論が原子論の言葉で表現されているという事実は，当面の主題にとっては二義的である．注目すべきは，分子であれ天体であれ同一の運動法則——同一の運動方程式——に支配されているという信念の表明である．もちろんラプラスにとっては今日でいう古典力学の運動法則が唯一の運動法則であるから，天体から分子にいたるまでのすべての物体の振舞いが全く同レベルで決定されることになる．相違はわれわれの知識の量にしかなく，原理的なものではない．

さらに重要なことは，ラプラスが，運動法則そのものにとっては偶有的・外在的な位置にある力をも，微視的物体にたいしても巨視的物体にたいしても単一のものと考えていたことである．

そのあたりの事情は科学史家ナイトの『原子と元素——19世紀イギリスにおける物質理論の研究』に要領よくまとめられているので，そのまま転用させていただこう．

数学的物理学者ラプラスは，ベルトローや他のものたちが粒子論的伝統の中で信じたように，巨視的なレベルにおいても微視的なレベルにおいても登場する引力——親和力，凝集力，重力——がすべからく単一の力の発現であるということを確立しようと，いくつかの計算をやってみせた．しかし化学における諸現象を説明するのに充分な重力を作り出すためには，原子は，ラプラスの計算によれば，ほとんど信じられないくらいに小さくて高密度でなければならなかった．ラプラスは，親和力の法則がいまだに充分な精度では知られていないので，そのような考察には時期尚早と信じていた．彼は熱解離の実験が必要なデータを提供してくれるだろうと期待していたようである[9]．

このようにラプラスは，化学が現状においてはいまだニュートン的段階には至ってはいないことを自覚していたとはいえ，運動法則にせよ力にせよ天体から原子にいたるまで同一のものであるという前提には疑問を持たなかったし，むしろその前提を指導理念として研究が進められるべきであり，またそうすれば科学は必ず成功するという確信をいだいていた．彼は『世界の体系』で次のように述べている．

すでになされているいくつかの実験からして，いつの日かこれらの法則が完全に知られ，そのときには解析学によって地上物体の哲学〔物理学〕もまた，万有引力の発見が天文学にもたらしたのと同程度に完全なものにされるであろうとわれわれは期待できる[10]．

ラプラスより後の世代の数学者ジョセフ・フーリエは，ラプラスが未来形で述べたことを完了形で述べている．19世紀の初期（1822年）のことである．

最古の民族が得ることのできたであろう合理的力学の知識は，われわれには明らかではない．そしてこの科学の歴史は，調和のとれた最初の理論を期待するならばアルキメデスの発見以前にはさかのぼらない．この偉大な幾何学者は，固体と流体の平衡の数学的理論を説明した．力学理論の創始者ガリレイが重量物体の運動の法則を発見するまでに18世紀が経った．この新しい科学の内部にニュートンが宇宙の全体系を組み込んだ．この哲学者〔ニュートン〕の後継者たちはその理論を発展させ，それを驚嘆すべき完全なものに仕上げた．彼らはわれわれに，きわめて広範囲の現象が若干個の基本法則に従っていることを，そしてその法則が自然のあらゆる作用において再現されていることを教えてくれた．天体のすべての運動，その形状，その軌道の均差，海洋の平衡と振動〔つまり潮汐〕，空気や発音体の調和振動，光の伝達，毛細管現象，流体の波動，要するにすべての自然力の最も複雑な諸効果が同一の原理により支配されていることが認められ，かくしてニュートンの思想が確証されたのである(11)．

革命後の世代がいかにラプラスの思想に影響されているかがわかるであろう．「万有引力は世界が従う唯一の法則である」として「政治物理学」を構想したサン・シモン（『ジュネーブ人への手紙』1802）や，「情念引力」によって「物質界と精神界に通じる運動体系の統一」を説き，「引力をまるごと多数の人間からなる集団に適用して研究すべきであった」と主張したシャルル・フーリエ（『四運動の理論』1808――上記フーリエとは別人）ら19世紀初頭のユートピアンの輩出は(12)，このラプラス主義の社会思想への反映である．

III 力学的決定論

さてラプラスがこのように汎力学的物質観＝汎力学的法則観を画定したのであるが，より重要で決定的なことは，その法則観を厳密な力学的決定論と同一視したことにある．もちろんそのことは〈ラプラスの定理〉の成功にもとづくことである．ともあれこの成功により力学から最終的に神の観念が追放されたのであり，ラグランジュによるエネルギー保存則や最小作用の原理の純力学的基礎づけとそこからの形而上学的・神学的意味の一掃とあいまって，自然観が世界像となり，力学的世界像が形成されたといえる．

もちろんニュートンにとっても，アリストテレスのように月より上の世界と下の世界を区別するという意味での二元的法則観はないし，またニュートンが巨視的世界と微視的世界で別個の法則を考えていたという証拠もない．しかしニュートンは，大きな時間間隔では奇蹟も信じていたし，なによりも太陽系の安定は力学的法則だけでは維持しえないし，それは神の御業の証しであると考えていた．前章冒頭に述べたラプラスとナポレオンの逸話のように，ラプラスがはじめてニュートン的理神論を粉砕し力学法則を決定論に凝縮したのである．

ラプラスにとって世界は，重力に代表されるような相互の距離だけで決まる力と因果律を表わす運動方程式のみに支配される物体の世界である．ラプラスは自ら達成した力学上の成果の上にたって次のように語っている．

だからわれわれは，宇宙の現状はそれ以前の状態の結果であり，ひきつづいて起こるものの原因であるとみなさなければならない．与えられた時点において自然を動かしているすべての力と，自然を構成するすべての実在のそれぞれの状況を知っている英知が，なおその上にこれらの資料を解析するだけの広大な力をもつならば，同じ式の中に宇宙で最も大きな天体の運動も，また最も軽い原子の運動をも包括せしめるであろう．この英知にとって不確かなものは何一つないし，未来は過去と同じように見とおせるであろう．（『確率についての哲学的試論』）(13)

こうして，世界の認識の可能性は人間の計算能力に委ねられるに至った．

ラプラスによれば，人間にはすべての物体の運動方程式――多元連立微分方程式――を解くだけの知力が備わっていないがために，確率論が必要になるのだが，ともあれここに，近代認識理想がデモーニッシュな姿をとって宣言されたといえよう．ダランベールが予感したことを，ラプラスは実現したと思ったのである．じっさいこの「英知」こそは，ダランベールが「宇宙をただひとつの観点から包括しうる人」と呼んだものを具現したものであり，それを人は，デュ・ボア＝レーモンにならって「ラプラスの魔」と呼んでいる．

ラプラスの思想にもとづき，19世紀後半における力学的自然観のスポークスマンを勤め，それゆえに独得の不可知論を展開したこのデュ・ボア＝レーモンは，ラプラスによって提唱された力学的決定論をより詳細に次のように表現している．1872年のことである．

> 物質界の一切の変化が，その恒常なる中心力によって生ぜしめられる原子の運動の中に解消されてしまったと考えれば，宇宙は自然科学的に認識せられたことになるであろう．ある時間微分における世界の状態は，その前の時間微分における状態の直接の結果として，またそれにつづく時間微分における状態の直接の原因としてあらわれるであろう．法則といい偶然といっても，それはただ力学的必然性の別名に過ぎないであろう．実際，全宇宙現象が一つの数学式，連立微分方程式の一つの無限の体系を以て表わし得，この体系からして宇宙間にある，どんな原子のいかなる時刻の位置，運動方向，速度でも知り得るという如き自然認識の段階を想像することは可能である．（『自然認識の限界について』）[(14)]

したがってデュ・ボア＝レーモンによれば，ラプラスの魔にとっては，次にいつ日蝕が起こるのかを知り得るのとまったく同様に「鉄仮面と呼ばれる人が誰であったのか，またどういう風にプレシデント号が沈没したのか，英国がその最後の石炭を燃焼しつくす日はいつか」を知ることができるはずであるというのだ．

こういった力学的決定論は，ここまで漫画的に誇張はされなくとも，19世紀物理学思想を貫いている．

Ⅳ　熱力学の第1法則をめぐって

19世紀物理学思想は，この力学的世界像をめぐる批判と反批判をめぐって形成されていったが，その過程は相当に錯綜していて，現在のわれわれが想像するほどに単純ではないし，もちろん明瞭でもない．ファラデーにはじまる電磁場の理論（場の古典論）がニュートン力学に対置され，遠隔力↔近接作用，物質↔場という対立図式をめぐって物理学が発展したというのは，今から見た物理学理論発展史の総括ではあっても，実相は必ずしもそうではない．

今世紀のはじめ（1910年）にマックス・プランクが，

> 力学的自然観の満開期は前世紀にあった．これは，最初の大きな衝動をエネルギー恒存の原理の発見によって受けたのであって，特にそれの発見当時においてはしばしばエネルギー原理と同一視されたことさえあった(15)．

と語っているのは興味深い．一見したところエネルギー原理――熱力学の第1法則――がここに出てくるのは唐突に思われるが，これが実相を衝いているのであって，19世紀物理学における力学上の論争は熱力学の原理をめぐって争われてきたのである．

というのも，力学的自然観が力学を全物理学の論理構成の首位に置き，すべての物理現象が力学的に説明されるにちがいないという立場に立つかぎり，その現実化の過程は非力学現象をも包摂する法則のなかに求められることになる．そしてエネルギー保存則は，人間がこれまでその破れを経験したことがないという意味で正しいと信じられている，物理学の全部門にまたがる包括的な法則であり，それが力学的に立証されることであるのか，それとも力学的なエネルギー保存則をも一事例とするより上位の原理的法則であるのかは，自然観における決定的な分岐点を成すからである．

力学的エネルギー保存則は，ライプニッツ以来様々に語られてきたが，先に見たように力学の基礎方程式から一般的に導き出したのはラグランジュである．そのラグランジュは次のように保存則の意味を位置づけている．

> 問題のその公式〔ラグランジュ方程式〕のもつ利点の一つは，それが，活力〔力学的エネルギー〕の保存，重心運動の保存〔運動量保存則〕，回転モーメントの保存または面積定理〔角運動量保存則〕，および最小作用の原理の名で知られる諸原理または諸定理を形成する一般的な方程式に，直接導くことにある．これらの諸原理は，**動力学の出発点にある基本原理としてよりは，むしろ動力学の諸法則の一般的帰結と**看做されるべきである(16)．

このようにラグランジュにとって，力学的エネルギー保存則は，運動方程式の一積分にすぎず，力学の一帰結でしかないのだ．したがって，力学理論の範囲内に話を限れば，エネルギー保存則は原理としての位置を占めるものではない．

しかし，エネルギー保存則が力学現象以外の現象においても成り立つということが判ってくると，議論はおのずと異なってこざるをえない．そして，ダランベールやラプラスのように全物理学が力学に還元されるべきものとするならば，力学のエネルギー保存則は，熱や光や電磁気的現象までを含むエネルギー原理（熱力学の第１法則）の基礎に祭り上げられてしまう．

じっさい，汎力学的物質観＝汎力学的法則観が最初に物理学理論として実現されたのは，このエネルギー原理においてであった．

熱力学の第１法則——すなわち自然界の汎通的なエネルギー保存則——は，マイヤー（独，医師），ジュール（英，実験物理学者），ヘルムホルツ（独，生理学者·物理学者）によって，19世紀中葉に提唱された．この三者のプライオリティをめぐる矮小な論議はともあれ，三者は独立にこの結論に達したと見るべきであろう．またたしかにそれぞれの論拠も姿勢も相当に異なっている．そしてそのちがいこそ力学思想をめぐる論争のスペクトル分布を解明するものである．

ここで熱力学の第１法則といわれているものの内容は，枝葉を端折れば，力学的仕事 W が熱 Q と決まった割合で変換される——数式で書けば，$W=JQ$ で J は定数（熱の仕事当量）——ということを意味している．1842年にマイヤーは「一定量の水を０℃から１℃に温めることは，その重量が約365mの高さから落下することに相当する」と結論づけた（『無生界の力に関する考察』――この論文は1841年に『力の量的規定と質的規定』と題して投稿されたが『ポッゲンドルフ年報』に掲載を拒否されあらためて書き直されたものである[17]．時にマイヤー26歳．）このマイヤーの値は，$J=3.58$ Joule/cal. と見積ったことになる．他方ジュールは極めて精密な何通りもの実験で，$J=4.15$ Joule/cal. 前後の値を得た．実験値としてはジュールの方が正確である．だが，問題はこの法則の基礎づけと解釈とにある．

18世紀まで熱の理論を支配していたのは，熱を固有の物質であるとする熱素説で，それは熱量の保存を前提としていた．熱素説がどれほど根強いものであったのかは，たとえばジュールの実験の重要性をいちはやく見抜いた19世紀物理学の巨匠ウィリアム・トムソン（ケルヴィン卿）が，他方では熱素説の立場を捨てるのに多期を要したことでも看て取れる[18]．熱素説に立つかぎり運動と熱の互換性は承服しえない．

熱の運動論をはじめに唱えたのはラムフォードであった．1798年にラムフォードは大砲の砲身の中ぐりのさいの摩擦で熱が無尽蔵に発生することを示し，「これらの実験で熱が発生し，かつ伝えられたのと同じ方式で，発生し伝えられることのできる何かが，運動でないとすると，その何かについてはっきりした考えを形づくることは，私にはまったく不可能ではないにしてもしごく難しいことだと思われる」と表明した[19]．ただしラムフォードには，エネルギーの保存という観念はない．

ジュールはラムフォードの説を支持し，熱が運動であるとの立場に立つ．

他方マイヤーは，もちろん熱素説を採らないけれども，同時に熱が運動であるとする立場も退ける．

もともとは船医で，熱帯地方では温帯にくらべて船員の静脈血が赤いことを見出し，その理由を体温と外気温の差が小さくて体から失われる熱量が少ないためと考え，また人間の肉体的労働が食物から摂取する熱量によるものであることに着眼してエネルギー原理にゆきついたマイヤーは，着実な実験物理学者ジュールとちがって思弁的傾向が強く，彼の論文では形而上学的議論が先行している．事実，彼の議論の出発点は，「原因と結果が同一である（*causa aequat effectum*）」というもので，これは，1690年に「原因と結果の潜在的同一性はいかにしても破られない」と述べたライプニッツの形而上学を踏襲したものである[20]．

ここで彼は「原因（Ursach）」として2種類，すなわち「物質」と「力」とを措く．「物質」は不可透入的・可秤的「原因」であり，「力」（現在の用語ではエネルギー）は不可秤的・可変的・不滅的な「原因」であり，マイヤーにとってエネルギー原理とは，この「力」の転変と不滅性とを意味していた．たとえば，地表より高くにある物体は「落下力（現代用語では位置エネルギー；mgh）」をもち，この「力」が地表近くでは「運動（現代用語では運動エネルギー；$\frac{1}{2}mv^2$——マイヤーは$\frac{1}{2}$の因子をつけていない)」に変化し，地上で静止した後は，「運動」が消滅したかわりに「熱 (Q) 」が発生する．そしてそれらの「諸力」の間に，

$$mgh = \frac{1}{2}mv^2 = JQ$$

という不滅性が成り立つ．これがマイヤーの議論の大筋であり，等式の成立は，たとえば「運動」とは「落下力」という「原因」の「結果」であるから*causa aequat effectum*の原理から要請されるという次第である（上記の等式は，もちろん現代的に書き改めてある）．

ここで重要なことは，マイヤーにとって熱と運動の互換性$\left(\frac{1}{2}mv^2 = JQ\right)$とは，作用の「原因」としての「力（エネルギー)」が質的には変化しながらも量的には不変に保たれるということのみを意味していて，「熱が運動である」ということを意味するものではないという点である．

マイヤーは先述の論文『無生界の力に関する考察』で次のように語っている．

落下力と運動との間に成り立つ関係から落下力の本質が運動であるとは結論づけられないのと同じように，熱にたいしてもそのような結論は下せない．逆にわれわれは，熱となりうるためには，運動は——それが単純な運動であれ光や輻射熱のよう

な振動運動であれ――運動であることを止め（aufhören）なければならないと論じえよう．

マイヤーは，なるほど「力（エネルギー）」を実在的実体視（物化）するという立場に陥っているとはいえ，方法論的には現象論――数学的現象論――者である．じっさい，

〈いかにして〉運動の消滅から熱が生じるのか，あるいは私の言葉では〈いかにして〉運動が熱に移行する（übergehen）のか，このことの説明を求めることは，人間精神にすぎたる要求でありましょう．O〔酸素〕とH〔水素〕が消滅するときいかにして水が出来るのか，なぜ他の性質を持った物質が生じないのか，そのことで頭を悩ます化学者はいません．しかし，生じた水の量は失われたOとHの量から正確に見出されるということを化学者が見抜いたときには，このような連関にまったく気づいていないときにくらべて，彼の対象である物質が従う法則に彼はより迫っているかどうかというようなことは，問うまでもありません．（書簡）(21)

という言葉が，彼の方法をよく物語っている．熱と運動の互換性はそれ以上の上位原理から導かれたり，あるいは実体論的ないし力学的に基礎づけられたりする必要のないことであり，単に熱の仕事当量の精密な定量的確定で物理学は満足すべきであるというのだ．そこからは，エネルギー原理を力学から導き出すとか，その基礎を力学に求めるという着想は決して出てはこない．

もちろんジュールの場合でも，彼が熱は運動であると

いったとしても，それは旧来の頑固な熱素説にたいするアンチ・テーゼにすぎず，積極的な熱＝運動論の理論構成がなされたわけではない．それだけのことなら，デーヴィーやヤングも言っていたことである．ジュールの功績は，熱＝運動論に導かれて，運動の生み出す熱を実験的に精密に測定したことにこそある．そのかぎりでは，やはり熱素説を退けたマイヤーと実質的にはあまり変わらない．

そして，熱を運動に還元するにとどまらず，エネルギー原理一般を力学的に基礎づける理論的な試みをなした人物こそ，先程のべたデュ・ボア＝レーモンの親友，ドイツ人の生理学者にしてなおかつ数学・物理学・哲学にも第一級の仕事をし，ボルツマンをして知識範囲の広さでライプニッツにも比すべき大家（Klassiker）と言わしめたヘルマン・フォン・ヘルムホルツであった．

V　ヘルムホルツの力学的自然観

ヘルムホルツがマイヤーと同じく26歳で書き上げ，これまた『ポッゲンドルフ年報』に掲載を拒否されてやむなく自費出版した『力の保存について』――ここでも「力(Kraft)」は「エネルギー」を指している――は，熱力学第1法則を力学に還元しようとする精巧で堂々たる試みである．20年後にキルヒホッフが「今世紀〔19世紀〕における自然科学上の最大の成果」と評したのも当時の思想状況を鑑みれば，必ずしも誇大ではない[22]．

ちなみに力学思想史において画時代的な本書も，『プリンキピア』が名誉革命の前年に，『解析力学』がフランス大革命の前年にそれぞれ世に出たのと同様に，ドイツ三月革命の前年の1847年に世に出ている．決して偶然の一致ではない．

ドイツにとって1847年を特徴づけるのは，ブルジョアジーの台頭である．翌48年の1月にエンゲルスは，「1847年の，もっとも顕著な運動は，いずれもまず第一に，そして主として，ブルジョアジーの利益にそったものである点で共通点をもっている．進歩派の党は，いずこにおいてもブルジョアジーの党であった．じっさい，これらの運動のとくに目につく特徴は，まさに1830年にとりのこされた国々が，1830年の高みに達するために，すなわちブルジョアジーの勝利を獲得するために，昨年になって最初の決定的な行動に出たということである」と総括している．もっともエンゲルスは「彼らはせいぜい数年間不安定な支配を享楽するのみで，すぐまた打倒されるにちがいないこと，これらのことほど明白なことはないのである．いずこにおいても彼らの背後にはプロレタリアートが立っている」という楽観的な期待を表明することを忘れなかったけれども(23)．

このように英仏にくらべておくれて成長したドイツ・ブルジョアジーがようやくやっと自らの階級の利害を主張しはじめた時期は，イデオロギー面では，英仏で形成された近代の科学と技術の思想が後進ドイツの土壌に根をおろしはじめた時期でもある．事実その転換期の時代状況は，ヘルムホルツ個人をとりまく状況のなかにも縮図的に再現されていた．

彼の12歳年下の弟オットーがギムナジウムを卒業したときベルリンの工業学校を志望したが，これには父や教師が猛反対をした．当時の年長の知識人の間には技術や工業を蔑視するという旧来の偏見が根強く残っていたのである．そのとき兄ヘルマンは弟の側に立って次のような手紙を書き送っている．「手仕事が是か非かといういさかいについては，お前の手紙から，私がR氏や卑しい職業にたいする彼の侮蔑に与してはいないことをお前も知っていることがわかります．仕事の価値は，無機的な物であれ精神の産物であれ扱う素材にあるのではなく，そこに注ぎ込まれる知的なエネルギーに依るのです．」こうして弟オットーは冶金学に進み，やがて傑出したエンジニアーとして大ライン製鋼所の主任監督にまでなった[(24)]．家族内でいわばヘルムホルツは新興ブルジョアジーの思想的支持者として振舞ったのである．私的な人間関係においてであれフランスにおける百科全書派の役割を果たしたといえよう．

科学思想の面においても同様である．つぎの一文はケーニヒスベルガーによる伝記からの一節だが，そのあたりの事情がきわめて親密であった青年ヘルムホルツと父親の間の思想的断絶にも縮図化されていて興味深い．

ポツダムにおける家庭生活は，父と子の間でほんのひとときであったが気まずくなった．若者の考え方や研究の進め方や科学上での態度が形而上学的思弁から遠ざかるにつれて――そのような態度はまもなく科学の全分野で受け容れられていったのだが――父のきわめて思弁的な哲学との懸隔が大きくなり，ときには非和解的にさえなっていった．父のフェルディナンド・ヘルムホルツは科学において演繹的方法のみを認め帰納的推論をそれに対立するものとして排しているのに，ヘルマンは逆に帰納法を奨揚し，物理学にとどまらず科学一般の救世主のようにそれを主張するのであった．父は――人の経験にたいする関係は哲学者こそよく解するものと固く信じ込み，最愛の息子が科学研究において正道を踏み外さないようにとひたすら努め――日夜機会あるごとに哲学上の信念と形而上学の所信とを息子に説き，思索と実験の方法を改めさせようとやっきになっていた．当時ヘルムホルツは，後に彼の名を冠した有名なエネルギー保存則を確立することになる実験に専念していたのだが，科学研究とその方法についてはもはやいかなる一致も不可能なことを見てとり，仕事については父と話をしない方が賢明だと悟っていた(25)．

このような父と子の関係は学界全体のレベルでも再演された．1850 年にヘルムホルツは論文『神経刺戟の伝播速度について』において蛙の神経における刺戟の伝播が有限で 50～60 mmを伝わるのに 0.0014～0.0020 秒を要することを実験的に明らかにしたが，そのとき年輩の生理学者の猛反対に遭遇している．実験を軽視し思弁を優先させる彼らの考えでは，神経作用とは不可秤的作因の拡散ないしは心理的原因に帰されるべきもので，それは瞬時的なものと信じられていたからである．ヘルムホルツの父もまた「私は観念とその身体的表現は相前後するものではなく同時的であって，それは身体的かつ精神的に反映される単一の生命作用と考えているので，お前の見解には同意しかねる」と息子に書き送っている．他方ヘルムホルツは，神経作用の伝播を可秤的な分子の配列の変更によって力学的に作動するものと看做していたのである[26]．

生理学者として実験的方法を重視し，因襲的な「生気説」と闘った彼は，有機体における現象も物理現象（力学現象）にすぎないとの立場に立ち，物理学思想の面では徹底した力学論者として振舞った．そして，『力の保存について』の序文に自らの物理学思想を展開しているが，同時代人の伝記作者ケーニヒスベルガーが「19世紀後半期の現代科学の綱領」と評した[27]その序文は，大陸における力学的自然観の断乎たる宣言であるといえよう．

われわれは，自然現象は不変の終局的な原因にまでたどられるべきであることを上でみた．この要請は，いまや終局的な原因として時間的に不変な力を見出すべきであるという形をとる．不変の力をもつ物質をわれわれは科学において元素とよんできた．しかし宇宙を不変の質をもつ元素に分解しておもいうかべてみるならば，このような系においてなお可能な唯一の変化は空間的なもの，すなわち運動だけである．そして力の作用を変えうるような外的関係もまた空間的な関係しかありえない．こうして力はその作用が空間的関係にのみ依存するような運動力に限られる．

こうしてより精密に次のようにいえる．**自然現象は空間的関係にのみ依存するような不変な運動力をもつ物質の運動に帰着されるべきである**．（強調引用者）[28]

ここでは，物体の運動が空間的な位置変化以外にはないということ――すなわち，物体がまったく力学的な存在であって力学的規定性以外の規定を有さないということ――，および運動が力学的な因果律のみにもとづくことから，その運動の原因としての相互作用もまた物体間の空間的関係にのみ依存するのだと議論が進められている．力というものは因果律を満足するように空間的関数形式で与えられるある力能でしかないのである．

さらにヘルムホルツは，物体を要素的実体に還元し，物体の相互作用は各部分に働く力に分解されるということ，および2点間の空間的関係はその間の距離以外にはないということから，相互作用が斥力および引力――すなわち2点を結ぶ方向にのみ働くいわゆる「中心力」――しかないと結論づけている．

こうしてヘルムホルツは，物質が力学的規定性のみを有するということから，**中心力を力学理論の基本要素として要請した**．したがってここでニュートン以来の力の問題はアプリオリに肯認され，重力の導入が論理必然的に要請されることになった．しかし物体の変化は力学的運動にかぎられるという彼がはじめに前提としたテーゼは，まぎれもない汎力学的物質観＝法則観であり，やはり一つのドグマといわねばならない．

このようにしてヘルムホルツは，物理学の課題を次のように提唱する．

こうして結局，物理的自然科学の課題は，自然現象を強さが距離のみによる不変な引力および斥力に帰着させることになる．**この課題の解決可能性は，同時に自然の完全な認識可能性の条件を意味している**．（強調引用者）[29]

ヘルムホルツのこの言葉はよく引用され，アインシュタインとインフェルトの『物理学はいかに創られたか』にも19世紀物理学思想を特徴づけるものとして引用されている．物体を空間移動という変化のみ可能な要素的実体の複合体に還元し，それらの要素的実体間の中心力――斥力と引力――のみから全自然現象を説明しようとするのは，明らかにラプラスの思想の継承であり純化であるといえよう．

とくに重要なことは，強調した部分において明白に述べられているように，自然の認識可能性が自然現象の力学への還元，とくに中心力への還元の可能性と同一視されたことにある．のちにボルツマンが「天文学において有効であった中心力の仮定が大陸では認識論上の要請にまで一般化された」[30]と嘆いたが，歴史的事実としての一認識形式が自然そのものの必然性として，それゆえ認識一般の形式として祭り上げられたのである．次に挙げる序文最終節がそのことを明瞭に物語っているであろう．

理論的科学の仕事は，諸現象を単純な力へ帰着することが完成され，そして同時にそれが**その現象にゆるされる唯一可能な帰着の仕方**であることが証明されえた時に，完成されることになろう．その時これが**自然認識の必然的な概念形式**として証明されたことになり，かくしてその時これに客観的真理も付与されよう．(強調引用者)(31)

しかるにこの結論を受け容れるならば，裏返せば力学的認識が人間の自然認識の限界をも同時に設定することになる．つまり要素的実体と中心力への還元が不可能な諸現象は，人間精神にとってはまったく超越的な問題となる．このヘルムホルツの思想に秘められていた逆説的な結論を明るみに引き出したのが，「ラプラスの魔」の命名者でヘルムホルツの親友デュ・ボア＝レーモンであった．

ラプラスの魔がいかに並はずれた知力の持ち主であれ，所詮，初期条件が与えられたときに未来を知り得るだけのことにすぎない．という次第でデュ・ボア＝レーモンは，意識や物質や万有引力の窮極の本質がこのラプラスの魔にしてさえ説明不可能なことをもって，ましていわんや「それよりもはるかに狭小な限界に閉じ込められているわれわれ（人間)」にとっては，それらの本質は「知ることができないであろう（Ignorabimus)」と結論づける(32)．つまりこれが彼のいう「自然認識の限界」である．

こうして激烈な力学論者デュ・ボア＝レーモンは，みずからの力学思想に忠実であるがゆえに，ラプラス的力学思想――力学的世界像の限界と制約をも同時に明らかにしてしまったのである．

重力について彼は，「真空を通して遠くまで作用を及ぼす力というものは，それ自身理解できないものであり，否，不合理のものであって，ニュートンの時代以後にはじめて，彼の学説の誤解により，かつニュートンの断乎たる警戒に反して，自然科学者間に流布せられるようになった思想である」と断じている(33)．そして1880年の『宇宙の七つの謎』と題する講演において，世界の理解にたいする七つの「超越的な困難」なるものの筆頭に「第一の困難は物質と力の本性である．これは私のいう自然認識の第一の限界としてそれ自身超越的である」と「力」の問題を挙げている(34)．

しかし，この醒めた，したがって正鵠を射た議論も，その議論の前提を掘り起こせば「ラプラスの魔」的な世界認識が唯一最大限可能な認識であるという思想のもとに成り立っていることがわかる．つまりデュ・ボア＝レーモンにとっても古典力学は単なる一個別科学ではなく，世界認識の唯一の可能性を提供するものとして受け容れられていたのである．ラプラスが，そしてヘルムホルツが，ダランベールよりも先に進めたものはこの点である．そして，力学的世界像の呪縛は，デュ・ボア＝レーモンのように倒立した形においても19世紀を支配したといえよう(35)．

Ⅵ　熱力学第1法則の力学的基礎づけ

さて，熱力学第1法則に話を戻そう．ヘルムホルツは序文の冒頭で次のように語っている．

ここに提出する諸定理〔エネルギー保存則の諸形態〕の導出は二つの出発点のいずれかから始めることができる．すなわち自然物体を相互にどのように組み合わせても，そこから無制限に仕事力をひき出すことは不可能であるという命題から出発してもよいし，また自然界におけるすべての作用は引力および斥力――その強さが相互に作用しあっている二点間の距離にのみよるような――に帰着されるという仮定から出発してもよい．(〔 〕内引用者)(36)

ここで語られている二つの出発点のうち，後者は単なる力学的エネルギー保存則である．実際，中心力は――ラグランジュの表現では$(\boldsymbol{F}\cdot d\boldsymbol{r})$が積分可能という意味で――必ず保存力であり，位置エネルギーを定義しうるからである．他方，前者は自然における汎通的なエネルギー保存則――熱力学第1法則――を言いかえたものである．とすれば，二つの出発点が等価ということは熱力学第1法則が力学の原理に還元されるという主張と同じことになる．こうしてヘルムホルツは，話を一歩進めてしまったのだ．

実際ヘルムホルツは，運動エネルギーを「活力」，位置エネルギーを「張力」と名づけ，すべての現象が中心力に支配された物体の運動に還元されるならば，すべての現象について「活力」と「張力」を割り振ることが可能で，その和が一定に保たれることこそが熱力学第1法則の意味であるとする．したがって，熱についても次のように語る．

従来熱量と呼ばれてきたものは，今後はまず第一に熱運動の活力の量にたいする，そして第二に原子内の張力――原子の配置の変化にさいしてそのような熱運動をもたらしうるような張力――の量にたいする表現となるであろう．この第一の部分は，従来では自由熱とよばれてきたものに，また第二の部分は，潜熱とよばれてきたものに対応するであろう(37)．

このように熱力学第1法則を，すべての力が中心力――すなわち保存力――であるとの前提にもとづいて，

(運動エネルギー)＋(位置エネルギー) ＝ 一定

という力学的エネルギー保存則の図式にまとめあげるヘルムホルツは，化学現象あるいは生物体における現象をもこの図式にあてはめてゆく．

1861年にイギリスで彼は『力の保存則の有機的自然への適用』と題する講演を――即席で――行なったが，そこでは次のように議論を展開している(38)．

振り子においては重力の位置エネルギーが運動エネルギーに，空気銃においては空気の弾性エネルギーが弾丸の運動エネルギーに転換され，またこれらのエネルギーはその後それと等価な熱エネルギーに転換されてゆく．他方，蒸気エンジンでは，熱によって作られた高圧の蒸気が力学的仕事を生み出す．ところで蒸気エンジンの場合の熱は燃料の燃焼によって生じたのであるが，それは，重力が物体を引きよせたときに力学的仕事を生み出すのとまったく同様に，化学的引力が力学的仕事を生み出しているのである――と彼は説く．すなわち，

このことにより，化学的な力は力学的な仕事を生み出しうるのであり，また他の力学的な力と同じ単位と同じ測度で測定しうることがわかるであろう．われわれは化学的な力を引力であると，この例では燃料中の炭素と空気中の酸素の間の引力であると，考えることができる．すなわち，もしもこの引力が二物体を合一するならば，地球が重量物体を引きよせるときに仕事を生み出すのと同様に，力学的仕事を生み出すと考えてよい．(『力の保存則の有機的自然への適用』)

こうして化学現象は力学的エネルギーの保存と同一の枠組みに捉えられることになる．とすれば，生物体内での現象にまでこの議論を敷衍することは，それほど困難なことではない．

われわれは生命ある物体を同じ観点のもとに考察し，その観点が生命ある物体にたいしていかに維持されるのかを吟味しなければならない．ここで生命ある物体を蒸気エンジンと比較するならば，完全なアナロジーを得ることになるだろう．生きている動物は可燃性物質よりなる食物において，炭水化物と脂肪を澱粉や糖分として，窒素を蛋白質や肉類やチーズとして摂取し，呼吸においては空気中の酸素を吸収する．そこで脂肪や澱粉や糖分のかわりに石炭と木材を，そし空気中の酸素を取ったならば，蒸気エンジンの実体を得たことになる．(同上)

そして，この根拠とエネルギー保存則とにのっとって，彼は旧来の生気説にたいする反撃を試みる．

過去の世紀と今世紀初頭における生理学者の大多数は，生命ある物体内の過程は彼らが「生命原理」と称した主要作因により決定されるという見解を持っていた．物理学的な力は生命ある物体の内部では，この生命原理の影響によっていつ何時でも停止され解除されうると彼らは仮定している．そしてこのことによって，この〔「生命原理」と称される〕作因なるものが，生物体内でそのつど生物体の健康が保持され回復されるような変化を惹き起こしうるのだとされている．

ところで力〔エネルギー〕の保存は，力は同一状況においてはつねに同じ強さで同じ向きであるような体系においてのみ成立しうる．かりに何らかの物体から重力を取り除きしかるのちに重力を再びもとに戻すことが可能だとしたならば，われわれは永久機関を有することになるであろう．おもりを重力を有する間だけ落下せしめ，それが重力を失ってから持ち上げたならば，われわれは無から力学的仕事を得ることになる．したがって，生命ある物体の内部では化学的ないしは力学的な力が停止されたり変化させられたり取り除かれたりすることが可能だというこの見解は，完全な力〔エネルギー〕の保存が成り立つかぎり，放棄されなければならない．（同上）

かくして「生命原理」は追放され生物態的世界像は否定され，ダランベール，ラグランジュ，ラプラスを経て形成された力学的自然観は，ヘルムホルツによって生物学をも包摂するものとされるようになった．その根拠は，彼の場合，もちろん熱力学第1法則の力学的基礎づけにある．

Ⅶ エネルギー論

一方におけるこのヘルムホルツの見解と，他方におけるマイヤーの見解の対立をめぐって，その後の論争の基軸が設定されてゆく．

論争の渦中にあった青年期のマックス・プランクは，ヘルムホルツの見解を支持して1877年に次のように語っている．

ヘルムホルツの見解がマイヤーのそれと区別される点は，マイヤーが，運動，重力，熱，電気等々の如く数々の質的に異なる力〔エネルギー〕の諸形式を認めているのに反して，ここ〔ヘルムホルツ〕では力学的見解に相応して，すべての異なれる現象形式が活力と張力という二つの〔力学的〕概念の下に包摂されることで，すべての自然現象の単純化においてはるかに一歩を進めたものと言える(39)．

19世紀の末期に力学的自然観への批判を展開したのは，オストヴァルトやデューエムであったが，彼らの立脚点はいずれもエネルギー論であった．そのオストヴァルトは，マイヤーの側に立って，次のように総括している．

二つの可能性が存在した．その一つはヘルムホルツ，ジュール，および彼らにつづく一系列の学者達によって選択されたものであり，古い力学的自然観を非力学的分野にも拡張せんとするものであり，このさい普遍的なエネルギー法則は，これらの分野の力学的性質の一帰結として現われるものとなすものである．……これに対する第二の可能性は，マイヤーによって見出されたものであって，原則的に新しい道を提示するものである．すなわち，力学的現象なるも普遍的なエネルギー変換——それはすべて保存法則に従うものであるが——の一つの特別な場合にすぎないと看做すものである．(『エネルギー』)(40)

この二つの立場をめぐる論争が，論争に関与した当事者個々人にどのように了解されていたかは，相当のばらつきがあり，また論争自体が相当にもつれ合っているので，単純に図式化することができない．じっさいに自覚的になされた論争は，19世紀末の原子論（Atomistik）とエネルギー論（Energetik）の論戦という形をとった．この論争自体が，ひとつには，原子の実在をめぐる存在論レベルの哲学論争でもあれば，他方では，経験的に実証されていない原子を仮説として物理学に導入することの是非をめぐる方法論レベルの論争でもあり，話を余計に複雑にしている(41)．

エネルギー論といわれているものも，単に原子仮説を認めないというひかえめな現象論的主張から，エネルギーを生命現象までを包摂する基底的概念と捉える誇大な主張まで含み，問題をさらにややこしくしている．

おまけにエネルギー論を主張する論客のなかには，必ずしも論争の対抗軸に力学的自然観を想定していない者もいる．「エネルギー論（energetics）」という言葉をはじめて使用したのはスコットランドのランキン（1855）であるが，彼の場合には必ずしも力学的自然観を全面的に論駁しようとしたのではなく，それどころか後には力学的モデルを提唱さえしている．だからエネルギー論の領袖たるオストヴァルトは，マイヤーこそ最初のエネルギー論者たるにふさわしいが，他方「ランキンは，本来の意味においてエネルギー論者たる名を受ける資格がない」とこきおろしている．ということは，オストヴァルトが力学的自然観の対極に位置していたことを意味する.

マイヤーは物質とエネルギーを二つの実在的実体と視る二元論を立てたが，エネルギー論の最も激越な提唱者オストヴァルトはその議論をさらに進めて，エネルギーの担い手としての物質とか物体なるものを認めない，純然たるエネルギー一元論の立場に立つ．すなわち「物体は畢竟エネルギーのみの凝集せるもの，エネルギーのみの複合体の表象であって，その背後に存在する無エネルギー的，従ってまた必然的に無性質的な担荷体と称されるべきものは考慮する必要はない」と主張する(42)．オストヴァルトにとって自然現象とは，ただ単に量的には不変に保たれるエネルギーが質的に変化してゆくことに他ならないのである．そしてわたくしたちが外界から得るものもこのエネルギーないしは仕事だけだとされる．

> われわれが聞くものは鼓膜と中耳において空気の振動がなす仕事である．われわれが見るものは光を感知する網膜において化学的な仕事をなすエネルギーである．われわれが固体に触れたときには，われわれの指先と場合によっては固体自体の圧縮の過程でなされる力学的仕事をわれわれは経験しているのである．……この観点からすれば，自然の全体は一連の時空的に変化する諸エネルギーとして現出し，それについてわれわれは，諸エネルギーが身体，とりわけ各エネルギーの受容のために造形されている感官に侵入する割合に応じて知識を得るのである(43)．

このような立場を採ったとき，わたくしたちにとって懸案の問題であった重力がどのように扱われるのかは，はなはだ興味がある．力学的描像を一切排除するならば，デカルトとニュートンの対立以来の重力の作用のメカニズムという問題は，問題として立てることさえできなくなるからである．実際オストヴァルトは，エネルギー論の観点から力の問題そのものを却下する．

オストヴァルトにとって，重力の存在というものは，地表にある物体を持ち上げるためには外から仕事を加えなければならないこと，また地表より高所にある物体は一定量の重力の位置エネルギーを有していること，これらの現象においてのみ意味を持つのであって，そこに「力」という概念を介在させる必要性がもともと存在しないのだ．

この現象は通常は次のように解釈されている．すなわち，地球からは重き物体を「牽引する」ところのあるひとつの「力」が放出されており，もしも重量ある物体が支持されることなく地表より離れて存在するときは，この力は，牽引することによってその物体を落とすのであると．しかしこの解釈が立てられた当時，いかに大なる思考上の困難が感じられたかということはすでに周知の事柄であって，この困難は今日にいたるまでなお克服されていない．これは，ニュートンが当時の科学の発達に相応して，力の概念を真先に押し立てたことに由来するものである．……しかし，「力」なる概念形成それ自体が目的に適ったものであるのか否かなどと疑ってみることは，ニュートンのまったく考えつかなかった処であるらしい．なんとなれば，彼はこの力なる概念の物理学的意義を詮索することを拒み，後には神学的な考察にまで後退し去っているのである．これに反してわれわれは，握りかつ引張る手というものの言外の表象を容易に離ち得ざる力なる概念ではなく，仕事なる概念を以て最も重きを置かるべきものとなさなければならない[44].

まことに単純明解ではあるが，しかし問題を別のところに移し変えただけのことであって，解決したとはいいがたい．なぜ地表より高くに物体を持ち上げるのに仕事を要するのかとあらためて問い直せば，結局は同じことである．もう一度数学的現象論に立つことによってデカルト機械論に対抗しえたと思い込んでいるにすぎない．しかし，他方でエネルギー論は，すべてをエネルギーに還元することによって，エネルギーの質的変化，とくに人間の感官における作用の差にもとづく質的差異を基本的な事実として認め，ガリレイとデカルトによる第一性質と第二性質の区別という近代科学の獲得地点まで手放してしまったのである．実際エネルギー論は，原子論にたいしてというよりは，原子を認めようが認めまいがともかくもヘルムホルツ，ラプラス，ダランベールの力学的自然観，そしてその源泉にあるデカルト機械論にたいするアンチ・テーゼとしてのみ存在しえたのである．

そのことをもっとも極端な形で表明したのが，「物体のすべての性質を運動と形状に還元する試みは見込みのない企てである」と主張し，「熱力学の上に構築される力学」を提唱したデューエムであった．次のデューエムの一文は，エネルギー論が力学的自然観の弱点を穿ちながらもそれを越えることができず，ついには歴史のエピソードに終わらざるをえなかった所以を暴露していて興味深い．

> われわれの物理学においては，数学者が扱う純粋定量的要素以外のある特性を採り上げることは避けられないし，したがって，物質は〈質〉を有しているということが認められなければならない．われわれは，スコラ主義の〈隠れた性質〉に逆もどりしていると告発される危険を冒しても，物体をして温かいとか光沢があるとか，電気的ないし磁気的であるとせしめる質が根源的なものであって，物体におけるそれ以上還元不可能な性質と認めなければならない．言い換えればわれわれは，デカルトの時代以来絶え間なく繰り返されてきたあらゆる試みを断念し，あらためてわれわれの理論を，逍遥学派〔アリストテレス学派〕自然学の最も本質的な概念に結びつけなければならないのである．（『力学の発展』）(45)

議論が三世紀ばかり逆行してしまったかの観がある．結局のところ力学的世界像は，対立する陣営をも単なる反対派に甘んぜしめたというまさにそのことによって，一つの世界像と呼びうるに値するものであったといえる．

Ⅷ　ボルツマンと原子論

エネルギー論が主要に論敵にしたのは原子論であった．両者の論争の結着は 20 世紀にまでもちこされた．そのエネルギー論に哲学的支柱を与えていたのはマッハであるが，20 世紀になってマッハがアルファ粒子による蛍光板の閃光を自分の眼で確認して一言「いまでは私は原子の存在を信用する」と口にしたとき，エネルギー論は崩壊した．やがて間もなくオストヴァルトも転向する．かといって，原子論の勝利が力学的世界像の勝利を意味するものではないところに，力学的世界像のもつ歴史的被制約性があった.

19 世紀における原子論は，原子の従う力学が古典力学であるという——当時唯一と考えられていた——立場に暗黙のうちに立つかぎり，おおむね力学的世界像に与していた．しかしそのスペクトルもまた単色ではない．つまり，汎力学的物質観＝汎力学的法則観を信奉するという点では一致していても，物理学の理論とはいかなるものであるべきなのかという点ではまったく異なった二つの考え方が並存していたのだ.

一方には，原子を質量と遠隔的に力を及ぼしあう能力を備えた質点と捉え，それに解析力学を適用することによって現象を説明しうれば原子の実在が確認されるという立場がある．力の問題に即していうならば，数学的関数形式で与えられた力で満足するというフランス啓蒙主義——なかんずく，ダランベール，ラグランジュ，ラプラス——の思想を踏襲する立場である．他方には，分子や原子の力学的構造と力の伝播の力学的機構（メカニズム）に固執する——その意味ではデカルトやオイラーに先祖返りをする——立場がある．この立場は，皮肉なことにいまだにニュートン以来の「自然哲学」の名称を墨守するイギリスにおいて主流を占めるようになった．以下に見るようにその両者の間にあって問題の所在を見抜いたのがボルツマンであった.

ポアンカレは，19 世紀のイギリスの大物理学者ケルヴィン卿（ウィリアム・トムソン）への追悼文で語っている．

エーテル及び物質の構成の問題の考え方にはアングロ・サクソンと大陸の思想家たちの間に妙な対照が存します．両者ともに，通常の物質を極めて微小な要素に分解し，この通常の物質を精妙な物質に代えて，この問題を説明しようとします．然らば，この窮極の要素は，今日のところではどんなものと考えられているのでしょうか．大陸に於ては，この要素はあらゆる性質を排除された，できるだけ純粋に数学的にされた本体であります．それは，私たちの感官を刺激しうるものはすっかり取り除かれているのですから，いわば物質的な要素ではないのです．ところが，イギリス海峡の彼岸においては事情はまったく異なっています．そこでは，私たちが見なれている物質にできるだけ似たもの，殆んど見たり触ったりすることのできるもので物質をつくろうとしているのです(46)．

じっさい，大陸においてオストヴァルトらのエネルギー論者たちにたいして断乎として対決し，分子と原子の存在への限りない信頼を表明した原子論の闘将ボルツマン（オーストリア）は，分子や原子にたいして機械論的ないし素朴実体論的なモデルを考えるようなことはしなかった．原子についてはボルツマンは大陸派である．イギリスのマックスウェルとともに気体分子運動論をほぼ完成させ，また，熱力学第2法則を分子論的に基礎づけ，今日の統計力学の基礎を作り上げたのはボルツマンであるが，彼の理論が現在の量子統計力学の枠組みをも提供したということは，彼の理論が分子についての特定の具体的なモデルに依存していないということの証査であるといえよう．事実彼の理論は，後に1900年になってプランクの提唱したエネルギー量子や1905年のアインシュタインの光量子にたいしてもそのまま適用できた．彼にとって分子あるいは原子は一般化座標で表わされ運動方程式に従う抽象的な点でしかなかったのだ．

たとえば，ボルツマンが多原子分子気体の熱平衡状態における分子の分布法則——マックスウェル・ボルツマン分布——を論じた1871年の論文『多原子分子の熱平衡について』では，彼の方法と彼の分子像とが次のように明快に述べられている．

> 自然に存在する気体分子はもちろん単一の質点では決してない．そこで分子をある力によって結合させられている複数個の質点（いわゆる原子）より成る系と見なすことによって，明らかにわれわれは真理により近づくのである．そのときには，ある時刻における1分子の状態は，1変数にではなく複数個の変数に依ることになる．ある時刻における1分子の状態を定義するために，空間内に固定された互いに直交する3方向を考える．時刻tにわれわれの分子の重心が存在する点を通ってその各3方向に平行な3個の直交する座標をとり，われわれの分子の質点〔分子を構成する原子〕の各軸にたいする座標をξ_1, η_1, ζ_1, ξ_2, η_2, ζ_2, $\cdots$, ξ_{r-1}, η_{r-1}, ζ_{r-1}と記す(47)．

ここに描き出された分子像はまったく一般的かつ抽象的なもので，単なる数学的処理の対象としてのみある．そして，ボルツマンにおいてはその数学的処理の結果が現象を首尾よく説明しうるかぎりで，分子論の真理性ひいては分子の実在性が保証されていると判断されるのである．

さらにボルツマンが原子を語るときもまた，その原子とは必ずしも極微の弾性球のような可触的・可視的実体の縮小化模型を指しているわけではない．それもまた単なる数学的抽象物なのである．

たとえば彼は，熱伝導にたいするフーリエの微分方程式をめぐって，微分方程式は連続体を前提とするものであるから，離散的個体としての原子という表象は忌避されねばならないとする反原子論者の主張に抗して，

> 連続体という言葉によって，あるいは微分方程式を書き下ろすことによって，連続体の明快な概念を得たと考えてはならない．くわしく見てみると，微分方程式なるものはただ次のことがらの表現にすぎない．まず有限な個数を考えねばならない，これが第一の前提であり，その後にはじめて個数を，それ以上増してももはや影響のないところまで増すべきである，と．……微分方程式によってアトミスティーク〔原子論〕を脱却したと信ずる人は，木を見て森を見ないのである．（『自然科学において原子論が不可欠であることについて』）(48)

と反論している．これは1897年の言葉であるが，後に1904年にも『統計力学』と題する一文で同じ主張を繰り返している．こうして，気体のみならず，通常は連続体として扱われる流体や固体にたいしても，その数学的処理も含めて原子論的描像の適用が正当化される．というのも，上述の言明からもわかるように，ボルツマンにとって「原子（Atom)」とは数学的微分量一般であり，それ以上の

感性的質を帯びてはいないのだ．じっさい彼は，上に引いた一文のなかで，「物体内部に――あるいはより一般的にはその物体に対応する境界を持つ三次元多様体内に配列された――多数の小さな《もの（Dinge)》――それらを物体素片（Elementarkörperchen），より適切には要素（Element）あるいは最も一般的な意味での原子（Atom）と名づけよう――を考え……」と，語っている[49]．要するに原子（Atom）とは要素（Element）――数学的微分量――にすぎないのだ．

もちろんこれだけでは原子論の必然性はなにひとつ語られたことにはならない．原子を数学的微分量と看做し，最終的には原子の個数を無限に増大させる――微分量が0になる極限操作を行なう――のであるならば，はじめから連続体の表象にもとづいて方程式を得る数学的現象主義との間になにほどのちがいが生ずるというのか．ボルツマンにとって本質的な点は，数学的微分量という抽象物であれ，ともかくも原子が力学の運動方程式を満たすということ，すなわち，単純な力をたがいに及ぼしあう質量をもった原子が存在するということ，さらにはこの前提から巨視的な現象の方程式が演繹的に導き出しうることにあった．もちろんその最大の成果は熱力学第2法則の統計力学的解釈にあるが，ともあれ，この巨視的現象の理論の演繹可能性こそ，ボルツマンと現象論者――なかんずくエネルギー論者――を決定的に分かつものである．

ここで話をわれわれの本題に戻すならば，原子論者であるボルツマンが同時に力学論者でもあるということは，原子を支配する力学が古典力学であるという限りにおいて可能であった．もちろん彼は，通常の分子にたいしてはそのことを疑ってはいない．「私たちは分子を一つの系として考えるが，その性質については，状態の変化がラグランジュとハミルトンの一般的な力学の方程式によって決められるということ以外は何も知らない」（『気体論』1898）と，彼はその分子観を表明している．当時において，微視的世界の力学の方程式が巨視の世界のものとは異なるということは未だ誰にも思い及ばなかったのであるから，当然といえば当然である．

しかし，古典力学においてはじめから論争の的になり力学の論理構成において収まりの悪かった力の問題は，19世紀の後半においてあらためてクローズ・アップされはじめていた．

1844年にウィーンに生まれたボルツマンが育った時代は，ラプラスとヘルムホルツの確立した力学的自然観の絶頂期であった．1899年にボルツマンは『理論物理学の方法の輓近における発展について』と題する講演で，

物理学の課題は，未来永劫にわたって，各二原子間に働く遠隔力の作用法則を確立すること，次にそれらすべての相互作用から導かれる方程式を相応した初期条件の下に積分すること，に帰着される，と思われていたのでした．これがわたくしの研究を始めた頃の理論物理学の発展段階でありました(50)．

と，当時におけるラプラス思想の蔓延を述懐している．しかしその直後に「それ以来万事なんと変わってしまったことでしょうか」と付け加えている．いったい何が変わったのか．

もちろん，ボルツマン自身，ある時期までは力学的自然観を熱烈に受け入れていた．

1886年には彼は「やがて人々がこの世紀を，鉄の世紀，あるいは蒸気の世紀，あるいは電気の世紀と呼ぶでしょうかという点に関して，あなたがたがわたくしの内なる確信を問われますならば，わたくしは躊躇することなく，今世紀は力学的自然観の世紀，ダーウィンの世紀と呼ばれるであろう，とお答えします」と述べている．ちなみに彼にとって「ダーウィンの理論」は「生物学の分野における驚嘆すべき力学理論」であり，「すばらしい花の美，昆虫界の形態の豊かさ，人間および動物身体の諸器官が持つ構造の合目的性，これらすべてを説明することが，ダーウィンの理論によって力学の領域にもたらされた」のであった(51)．

しかし，ボルツマンの「19世紀は力学的自然観の世紀」という言明は，次第に力学的自然観が19世紀において現実に果たした歴史的意義の承認にアクセントが置かれていくようになる．すなわち，力学的――原子論的――仮説を認めようとはしない現象論者にたいしては，実際には現象論といえども基礎方程式を得るために一度は力学的描像を援用しているのであり，また，原子論から出発することによってはじめて一貫した演繹的構成が可能であることについては，ボルツマンは決して譲ろうとはしないが，他方では彼は力学的自然観の歴史的被制約性をも見極めるようになる．

先に引いた1897年の『自然科学において原子論が不可欠であることについて』のある箇所に彼は「原子を質点と解し，その力をそれらの間のへだたりの関数とするとらえ方は，いっそうよいものがないために今日なお保持されている暫定的なものでしかない」と注を付している．ダランベール以降の数学的関数概念としての力，フランス啓蒙主義以降に遠隔作用として承認されるに至りその存在論上の本質を問うべきでなくなった力，そしてヘルムホルツによって「自然の理解可能性の条件」の中枢に位置を占めるようになった中心力——質点間の距離だけの関数としての力——が，あらためて疑問視されるに至ったのである．

次の一文は，エネルギー論を論駁するためにオストヴァルトにたいして1896年に書かれた論文の一節だが，この力の問題をめぐる当時のボルツマンの思想的位置を物語っていて興味深い．

オストヴァルト氏は，原子と力が窮極的実在物であってわれわれはラプラスの世界形成の理想にきっと到達しうるしまたそのための証拠もあるという見解にやっきとなって反論しているが，**実際には氏は，いまではまったくありもしない見解に喰ってかかっているのである．現在では，自然現象のすべてが確実**

> **に力学的に説明されうるというような証明がなされてしまったとは，誰も言ってはいないし，おそらく，力を実在物とも誰も考えてはいないであろう**．……私自身，かつては力学的自然観のために闘いはしたが，それは力学的自然観がそれ以前のはなはだ妙ちくりんな説明とくらべればはるかに進んでいるということにおいてであった．他方，**中心力により決定される法則に支配された質点の運動に基礎をおくもの以外には自然の解明は不可能であるというような見解は，オストヴァルト氏の批判のはるかに以前から見棄てられていたのである**．（『エネルギー論にたいする数学の言葉』強調引用者）[52]

ボルツマンにこのような反省をうながした契機の一つは，キルヒホッフそしてヘルツと継承された理論上の問題であった．すなわち，力学の理論構成にとって外在的で偶有的なものにとどまらざるを得なかった力を，力学理論の再構築によって力学から追放しようとする試みである．これは最終的にはヘルツの遺稿『力学原理』（1894）に結晶したが，「ヘルツの示した途をさらに歩む人は一人もいません」と後にボルツマンが語ったように，みのりの少ないものであった．それゆえ，このヘルツの努力についてはこれ以上立ち入ってもしかたがないだろう[53]．

そしていま一つのそしてより重要な契機は，ファラデーとケルヴィン卿らイギリス学派による近接作用論の提唱であり，マックスウェルの光の電磁波理論とヘルツによるその実験的検証の衝撃であった．ケプラーとニュートンによる重力の提唱以来ようやく3世紀にしてはじめて，問題は「力学」か「場の古典論」かという型で——電磁気学に登場する力をめぐって――正しく設定されたのである．議論は次章に持ち越すけれども，その伏線としてボルツマン自身による問題の理解を引いて本章を閉じよう．

> 力学的自然観は将来，光エーテルに対する簡単な力学的描像の発見という大決戦に勝利をおさめられるでしょうか，少なくとも，力学模型というものは常に存在するのでしょうか，新しい非力学的なものの方が一層よいということにならないでしょうか……？（『理論物理学の方法の輓近における発展について』）[54]

第15章　ケルヴィン卿の悲劇

I　ケルヴィンとその時代

たしかに19世紀は力学的自然観が物理学を支配した．しかし，その自然観の実際のあらわれ方は，イギリスでは大陸とは相当異なっていた．とはいえ，現在のわたくしたちがその経緯を窺い知るには少々の困難がともなう．

現在から見れば19世紀のイギリスを代表する物理学者といえば，文句なしにまずマックスウェルであり次いでファラデーであろう．1831年といえばマックスウェルの生まれた年でもあれば，ファラデーが電磁誘導——力学的エネルギーの電気的エネルギーへの転換の道——を発見した年でもある．そして1931年にマックスウェル生誕100年を記念した論集がケンブリッジ大学から出版されたが，そこでアインシュタインは「ニュートンによって理論物理学の基礎が築かれて以来，物理学の公理的基礎，別の言い方をすれば実在の構造についてのわれわれの観念の最大の変化は，電磁気現象についてのファラデーおよびマックスウェルの研究によってもたらされた」と述べている[1]．ケルヴィンことウィリアム・トムソンはどこにも出てこない．この論集でケルヴィンに言及したのは，生前に彼と親交のあった老ラーモアだけである[(2)].

しかし，当時における評価はまったくちがっていた．19世紀後半のイギリスにおいて最大の物理学者を問うたならば，100人中100人までがケルヴィン卿（1824〜1907）を挙げたであろう．当時イギリスにおいて「第二のニュートン」と称されたのはケルヴィンであった．彼の教え子の一人のオリバー・ロッジは「私たちはニュートンの時代ではなく，おそらくそれより偉大なトムソンの時代のはじまりに生きているのです」と語っている[(3)]．正直な気分を表わしていると見てよい．

たしかにケルヴィンの生涯はニュートンに比すべきところがある．若い時からウィリアム・トムソンとして科学の第一線に立ち，22歳から実に53年間の長きにわたってグラスゴー大学の自然哲学の教授職を勤め，イングランドとスコットランドにおける科学者の最高の地位であるロンドン王立協会とエジンバラ王立協会の会長を歴任し，その一言が学界と社会に影響を及ぼす最大の権威者の地位を保ち，ヴィクトリア女王から貴族に叙せられ名をケルヴィンに改めたときは全新聞から喝采され，経済的にもめぐまれ長寿を全うし，葬儀は国民的な悲しみのうちにとり行なわれ，ウエストミンスター寺院のニュートンの墓の近くに埋葬された——これだけでも大衆が彼をニュートンとならぶ国民的英雄と認めていたことが理解できよう．いや，ニュートンの名声は生前はイギリス内部に限られていたが，ケルヴィンの名声は大陸はもとより新大陸アメリカまで鳴りひびき，遠くは日本からも田中館愛橘らが彼の下に留学している．ニュートンの『自然哲学の数学的諸原理（プリンキピア）』は大陸では約半世紀の間かたくなに拒否されたが，ケルヴィンがテイトと共著した『自然哲学論考（*Treatise on Natural Philosophy*）』は，イギリスのみならず大陸においても19世紀後半期の最も評価の高い，最もポピュラーな物理学の教科書であった．

いったいケルヴィンの何がそれほどの名声を彼に与えたのか．

いまから見るならば，ケルヴィンの物理学上の業績としては，電信方程式や潮汐の調和解析や，あるいはジュール－トムソン効果や熱電気現象の発見とともに，何といっても最大のそして最も原理的な貢献としてクラウジウスとならぶ熱力学第2法則の確立と彼の名を単位にとる絶対温度の導入にあるだろう．しかしそれだけならば，学界内部ではともかく大衆的にかくまで持ち上げられることはなかったであろう．熱力学第2法則はあまりにも玄人向きである．

だが彼の科学は，単にアカデミズムのなかにあったのではなく，実践面においても19世紀後半のイギリス，つまり帝国主義に突入し全世界に大英帝国を形成したイギリスに最もよく密着していたのであった．

ケルヴィンがはじめて論文を書いたのは1841年であり，彼の創造活動は1907年の死の直前まで衰えなかったが，この時代は次の二つのことで特徴づけられる．すなわち第一に1837年から1901年までのヴィクトリア女王の治世は，イギリス史上最も繁栄した時代であり，イギリスが海外にたいする支配力を拡大し，「陽の沈むことのない大英帝国」を確立した時代であった．第二には，1800年のヴォルタ電池の発見と1831年のファラデーの電磁誘導の発見の後をうけて，人類が畜力や水力・風力はもとより，火力にも代るまったく新しい電気エネルギーを開発し実用化した，新しい技術の時代でもあった．そしてケルヴィンの活動はこの二つの時代的要請にぴったりと一致していたのだ．

大西洋横断海底電線の敷設という当時としては途轍もない大プロジェクトに際しては，ケルヴィンは理論上の諸問題を解決しながら海上での指揮まで行なって成功に導き，その間に象限電流計や鏡検流計やサイフォン・レコーダー等の数々の電気機器を開発実用化し，その他に新しい鉄製船舶用の羅針盤の改良や測深器や検潮器等の発明によって航海の安全性を高め，その後も南米にいたるまでの全世界への海底電線網拡大の技術指導を行ない，そのうえ数多くのイギリス大企業の技術顧問を勤めた．また，イギリスにおける電灯の実用化から電磁気学の単位系の国際的統一化にいたるまでイニシアチブをとったのも彼である．もちろんこれらの結果，彼自身も特許料や顧問料で多額の収入を得ている．「もしもトムソンが商業の世界に身をゆだねたならば，彼は間違いなく実業界の大物になっていたであろう．彼は何でも手がけたことに成功するという，どちらかといえばまれな能力を持っていたのである」(4)という評は，いいえて妙である.

要するに彼は, 電気エネルギーの実用化によって第2次産業革命に乗りだし, 同時に全世界に支配網を拡大していった19世紀後半期イギリス資本主義の技術戦略の指導者であり, ヴィクトリア時代の繁栄のチャンピオンであり, 科学理論には縁遠い大衆からの評価はこの点に負っていたのである.

II　ケルヴィンの力学思想—ダイナミカルな自然観

アカデミズム内部での彼の評価は, もちろん彼の旺盛な創造活動と数多くの業績に負っている. しかし, 彼をイギリスにおける科学の指導者としたのは, なによりも, 彼が時代の科学思想の最も中心的で最も忠実なスポークスマンであったことにある.

19世紀後半における物理学史上最大の出来事は電磁気学の完成であるが, 現在ではその過程はファラデーの力線(電気力線と磁力線) とマックスウェルの電気変位という二つの概念の導入を通じてなしとげられたと考えられている. もちろんそれらは力学的には解釈しようのないもので, 電場と磁場の物理学, つまり場の古典論としてはじめて正しく解釈しうるものであり, だからこそそれらの概念の導入は時代を画する出来事なのだ.

しかしそのような見方は, ローレンツとアインシュタイン以降の新しいパラダイムを受け容れた20世紀のわたくしたちにとってはあたりまえであっても，当時においては決してそうは考えられてはいなかった．ファラデーやマックスウェルでさえもその概念の真の革命性の根拠を自覚していなかったと見てよい．

つまり19世紀においては，力学はすべての物理学の基礎にあり首位にあるという信念——力学的自然観——はもちろんイギリスにおいても支配的であった．それゆえ，力線や電気変位という概念も，あくまでも力学的に理解されるべきものと考えられていた．そしてその思想をイギリスで最も公然と主張し実践したのがケルヴィンである．

1846年11月1日，ケルヴィンが22歳でグラスゴー大学の自然哲学の教授に就任したとき，その最初の講義で彼は予備講演を行なったが，次の一文はその一節である．

> 自然哲学の根本的主題はダイナミックス，ないしは〈力の科学〉，つまり力学（mecanics），静力学（statics），動力学（kinetics）にある．自然におけるすべての現象は力の顕われである．自然においては〈力〉と無関係に生ずる現象はないし，〈力〉の作用によって影響されない現象もない．したがって，ダイナミックスはすべての自然科学に適用されるし，自然の哲学的研究においてなにほどかの進歩がなされるためには，それに先だちダイナミックスの原理の完全な知識が絶対的に必要とされる．この点にこそ，ダイナミックスが物理学の首位に位置するという一般の同意はもとづいている．**ダイナミックスが物理学の首位というその位置に値いするのは，科学としてのその完全性に劣らずその普遍的重要性による**．若干個の単純でほとんど公理的な原理から力の効果についての共通の経験にもとづき，想定されるダイナミカルな作用において示されるすべての

現象を規制する一般法則が確立される．かくして，演繹的推論の厳密な展開によってその一般法則から力の働く個別的事例における現実的結果へと引き返すことが，われわれの能力の及ぶ範囲にたぐり込まれる[(5)(*)]．（強調引用者）

この学期始めのオープニング講演はその後も毎年行なわれ，後にわずかずつ手直しはされたけれども，その基調は半世紀に及ぶケルヴィン在任中を通じて変わらなかった．したがってこの力学思想はケルヴィンの生涯的な思想と考えてよい．

このようなケルヴィンの力学思想は，そのかぎりでは，ヘルムホルツらの大陸における力学思想と同地盤である．いや，ジュールによる熱の仕事当量の功績をいちはやく認め，熱素説にもとづくカルノー理論との矛盾を解決することによって熱力学第2法則に到達したケルヴィンは——もっとも彼は相当の期間熱素説に囚われてはいたが——，個人的にも思想的にもヘルムホルツと親しい関係にあっ

(*)　引用文中，「静力学（statics）」と「動力学（kinetics）」についてケルヴィンはこの後で「statics は力のつり合いを扱い，kinetics は物体の運動を生み出すないしは運動を変化させるつりあっていない力の効果を扱う」と述べているので，それぞれ通常と異なるこの訳語をあてた．ちなみに「運動学」としては cinematics を用いて kinetics と区別している．「力学（mechanics）」については説明はない．その場合，それらすべてを包摂する dynamics については適切な訳語がないので片カナで残した．ただしケルヴィンは必ずしもこういう用語上の区別をその後もこの通り厳密に守っているとはいえないので，以下の引用ではこの約束にとらわれないところもある．

た．

ケルヴィンが力学思想においてヘルムホルツと共鳴していたことを最も良く示している問題は，地球上のエネルギーの起源をめぐる問題である．太陽の放射するエネルギーについてヘルムホルツは1854年に，カント－ラプラス星雲説にもとづいて，星雲状に分布していた質量が太陽に集中したときに放出された重力の位置エネルギーが太陽に蓄積された熱の起源であり，現在においても「太陽の直径がその現在の大きさの1/10000だけ減少したならば，現在の熱の全放射を2100年間補塡するに充分な熱量が生み出されることが計算される」として，結局，太陽の放射に負っている地球上のエネルギーはすべからく重力の位置エネルギーという力学的エネルギーに由来するとの仮説を提唱した(6)．前に見たようにヘルムホルツにとってエネルギー保存則は形式的に活力（運動エネルギー）と張力（位置エネルギー）の和が一定に保たれるということを意味していたのだが，結局その位置エネルギーは実体的にも重力の位置エネルギーに還元されてしまい，熱力学第1法則の力学的解釈はここに閉じられることになる．

このヘルムホルツの提起をうけてケルヴィンはこの問題を採り上げ，『動力の起源と変換について』（1856）という論文で「太陽と天体の運動や太陽の熱はすべからく重力による．すなわち，重力の位置エネルギーが現実に宇宙に存在するすべての運動・光・熱の窮極的源泉であろう」と結論づけている．

この前提にもとづいてケルヴィンは，太陽や地球の年齢を計算し，大衆の関心を大いに集めた長期にわたる大論争を地質学者との間で惹き起こしたのだが，ともあれ彼は，重力以外にエネルギー源が存在することを認めないばかりか，19 世紀末になって放射能の放出する強力なエネルギーが発見されても，頑固にそれを認めようとはしなかった．ケルヴィンにとって力学的自然観は理論の発展への指針から発展を阻害する桎梏へと変わっていったといえる．というのも，ケルヴィンの力学思想は大陸で語られていたものよりも狭く教条的なところがあったのだ(7)．

これまで見たかぎりでは，ケルヴィンの力学思想を大陸のものと分かつものはない．

しかし大陸――とくにフランス――では，ある現象が力学理論の枠組みに包摂されるか否かという問題は，端的にラグランジュの一般化座標と一般化力で表わされる方程式で説明しうるか否かという問題を意味していた．その一般化座標で表わされる物体なり一般化力で表現される作用因なりが可視的・可触的な力学的実体であるか否かは大陸ではどうでもよい問題であった，否，積極的にそのような感性的性質を捨象されて扱われたのだ．

他方，ケルヴィンは，そのような数学的抽象物にとどまることを拒否し，その背後の窮極的実在物を明らかにすることこそが自然哲学の課題であると捉えていた．そしてその窮極の実在物は原物質として必ずや力学的な規定性を持ち，力の作用や伝播はその実在物の機械論的な仕組みによって説明されるはずであるというのが，彼の力学思想の基調をなしていた．

次の一節はケルヴィンがテイトと共著した『自然哲学論考』の一節だが，彼の思想がよく看て取れるであろう．

> ある程度まで実験にもとづく他のクラスの数学的理論は，現在では有用であり，ある場合には，後に実験的に立証された新しい重要な結果をあらかじめ指摘しさえした．そのような理論には熱の運動学的理論や光の波動論などが含まれる．〈熱はエネルギーの形態である〉という実験からの結論にもとづく前者の理論では，物体の**粒子の運動や変形のメカニズムについてわれわれは無知であるがために**，現在のところでは多くの公式は不明瞭で解釈不能である．……光の理論においても同様の困難が存在する．しかしこの不明瞭さは，現在のところでは聚合状態においてしかわれわれには知られない分子の集まりや物体にたいして，その窮極的ないしは〈分子的〉構成についてある程度のことを知らなければ完全には明らかにされることはないのである[8]．（強調引用者）

このかぎりではケルヴィンの立場は，さしあたっては熱や光の現象を原子論によって説明することにあることがわかる．しかしそのさい，原子論的に解明することがどういうことを意味していたのかは，とくに原子にまつわる観念が曖昧な時代には，検討が必要である．

1884年にケルヴィンは，アメリカのボルチモア市のジョン・ホプキンス大学に招かれ，17日間にわたる講演を行なった．いわゆる『ボルチモア講演』である．この催しは生まれて間もないアメリカ物理学に大きな刺戟を与え，そこからマイケルソンやモーレーが育っていったのだが，そこでケルヴィンは既成の理論を一方的に講義するのではなく，物理学が直面している諸問題を討論を通じてこじ開けてゆくというスタイルを採った．後に1904年になって出版されたその講演――ケルヴィンは後から相当手を加えたが――の標題は『分子力学と光の波動論』である．それゆえこの講演は，ケルヴィンが生涯的に追求した思想と方法とを最もよく表わしているものと考えられる．

その講演でケルヴィンは，自らの方法を次のように明快に述べている．

> 私の目標は，どのような現象であれ，私たちが考察している物理現象において必要とされる諸条件を満足するであろう機械論的モデルをいかにして作るかを示すことにあります．固体の弾性現象を考察しているときには，私はそのモデルを示そうと思います．光の振動を考察しているときには，私はその現象において呈示される作用のモデルを示そうと思います．……私にとっては，「物理学において私たちはある点を理解したか否か？」ということは，「私たちはその機械論的モデルを作りうるか否か？」ということであるように思われます(9)．

つまりケルヴィンにとっての物理学の課題と方法は，固体の弾性であれ光の伝播や反射や屈折であれ，あるいは静電気力や磁気力であれ，すべての物理現象を微視的な力学的実在物の配置や運動状態から**モデル的に説明すること**にあった．なるほどこれは，数学的関数で与えられる――関係概念としての――力と運動方程式のみからすべてを説明するという意味でのダランベール・ラプラス・ヘルムホルツ的な〈力学的自然観〉とは異なるけれども，かといって必ずしも素朴実体論への回帰ともいいきれず，延長と不可透入性のみを持つ幾何学化された物体の衝撃のみからすべてを演繹するという平板なデカルト流の〈機械論的自然観〉と同一視するわけにはゆかない．

ケルヴィンの思想は――次節で詳しく見るように――力学的規定性を持つ原物質の運動の様態から原子の諸々の物理学的属性ひいては原子の存在自体をも導き出そうとするもので，わたくしはそれを〈ダイナミカルな自然観〉と呼ぶことにする．いみじくも，大著『ケルヴィン卿の生涯』の著者S.P.トンプソンの言っているように，物質の性質やその窮極的構造，その弾性や圧縮性，その光学的・電気的・磁気的性質について，「これらすべての性質のダイナミカルな説明を提供するべき分子理論のニュートンになることこそが，ケルヴィンの高貴にして価値ある野心であった.」(10) そしてケルヴィンは，このような思想を一貫して主張し追求したことによって――その結果挫折したとはいえ――19世紀イギリス物理学の最高権威にして領袖でありえたのである．

Ⅲ　渦動原子論

ケルヴィンの特殊イギリス的力学思想――ダイナミカルな自然観――を端的に示したのが，1867年に提唱された渦動原子理論である．もっともこの理論は20年間の固執ののちに放棄されたから，細部に立ち入ってもあまり意味がない．だから，そこに表わされたケルヴィンの発想法にもっぱら照明を当ててゆこう．

1858年にヘルムホルツは『渦動運動を表わす流体方程式の積分について』という論文を発表し，非粘性流体中では渦環が不生不滅である，つまり渦環は無からは決して生じえないし，またひとたび作られたならば決して毀れないことを純粋に数学的に証明した．1867年になってテイトがこの論文を英訳し，さらに，簡単な装置で空気中に煙の輪を作ってヘルムホルツの理論を美事に視覚化してみせた．こういうところがはなはだイギリス的なのだ．

そしてこの実験を見せられたケルヴィンは，ただちにヘルムホルツの論文に取り組み数学上の問題をマスターした．しかしケルヴィンのユニークさはここから始まる[11]．

ダイナミカルなモデルへの志向に導かれたケルヴィンのインスピレーションは，原子が不生不滅である——と彼は信じていた——ということから，原子とは完全流体としてのエーテルの渦動運動（Wirbelbewegung），すなわちある原物質の渦環に他ならないのではあるまいかと飛躍する．ちなみにいうと，このようにある理論をパッと他のものに結びつけるのが彼の才能の秘密である．すぐさま彼はヘルムホルツに手紙を書いている．「数日前にテイトがエジンバラで渦動運動を作る素晴しい実験を見せてくれて以来，Wirbelbewegungが他のすべてのことを押しのけてしまいました」と自分の熱中ぶりを伝え，テイトの実験を詳しく説明したのちに，彼は次のように自分のアイデアを語っている．

> 回転の絶対的永続性と，あなたが証明したその回転と完全流体中でそのような運動を得た流体部分との不変な関係は，もしもすべての実体を構成する完全流体が空間中にあまねく存在するならば，渦環は，ルクレチウスとその後継者たち（そして前任者たち）が（金や鉛などの）諸物質の永続性とそれらの性質の相違とを説明するために想定した固体の固い諸原子と同じように，永続的であるだろうことを示しています(12)．（1867年1月22日）

こうして，はやくもその年の2月18日に『渦動原子について』という論文がエジンバラ王立協会で読み上げられた．

ケルヴィンがここで示した物質観は，唯一の真の原物質としては，つまりヌーメノンの存在としては，原流体としてのエーテルのみがあり，それはそのままでは不可視・不可触であるが，その原流体の渦動というダイナミカルな運動の様態（mode）――渦環を渦環たらしめている運動様式――のみがわたくしたちの感性に捉えられている物質――フェヌーメノンの存在物――だというもので，いうならばダイナミカルでかつモデル的な物質観といえよう．後に見るように，光の電磁波理論にたいしてケルヴィンの採った態度もまったく同じである．そしてこの渦動運動の様態のさまざまな定量的相違が原子のさまざまな種類の差を説明するものだとされている.

従来のいくつかの原子論にたいするこのケルヴィンの渦動原子論の理論上の優位はどこにあるのか.

ルクレチウス以降ニュートンを含む多くの化学者や物理学者によって主張されてきた原子論では，物質の諸性質を説明するために原子に様々な性質を負わせてきた．要するに物質から原子に諸属性を移し変えたにすぎないのである．こうして原子自体に不滅性や弾性や相互に作用する能力や慣性を担わせることが正当化されてきた.

しかし，ヘルムホルツの渦環を原子だと見るならば，その属性の一つである不滅性は原物質たるエーテルのダイナミカルな特性として――数学的に――証明されることになる．またベルヌイからクラウジウスとマックスウェルにいたるまでの気体運動論では，気体の熱力学的特性，とくに気体全体としての弾性を説明するために，個々の分子は弾性的に衝突すると仮定せざるを得なかった．しかし，二つの渦環は互いに接近しても決して一体にならずにまた離れてゆくことがテイトの煙の実験から示されることから，渦動原子論では原子の弾性は，天下りに仮定しなくとも運動学的弾性（kinetic elasticity）として導き出されるであろう．また，固体の弾性についても，密につめ込まれた渦環のさまざまな大きさや配列から，現実の固体のさまざまな弾性が示されるであろう.

このように，巨視的現象から推察される原子の諸属性をも原物質の運動の様態によってダイナミカルに説明しうるという点に，渦動原子論の理論上の優位性が求められているのであり，その意味でケルヴィンの理論は，原子ひいては物質の存在それ自体をも「被説明項」として力学理論に包摂しようとするものであって，ケルヴィンの――力学的自然観の地平上では極限的な――認識理想を示唆するものである．

こうしてケルヴィンは，渦動原子を「唯一の真の原子」と結論づけた．

この考えをケルヴィンはその後も維持しつづけた．1871年には，エジンバラ王立協会での挨拶で，「クラウジウスとマックスウェルの仕事によって部分的に与えられた理論〔気体分子運動論〕が完成されたならば，われわれは原子の内的なメカニズムは何か？　という最も根本的な問題に直面する」と語り，これまでは原子は慣性と引力とを付与された点または無限に小さくて無限に固い事物と看做されてきたが，原子は「形状と作用法則とをともなった物質の部分であり科学研究の手のとどく問題」となったと主張している．

そして1881年には『運動の様態としての弾性について』という論文でふたたび弾性の問題に立ち戻った．そこでは，回転するコマや走っている自転車や煙の環やジャイロスタットは外から力を加えてももとの運動状態に復帰しようとする擬似的な弾性抵抗（quasi-elastic resistance）を示すことからのアナロジーによって「物質のすべての窮極原子の弾性がこのように説明されないだろうか」と問題を設定している[13]．ひらたくいうならば，激しく回転している二つのベーゴマは接触したならば大きくはじきとばされるが，それと同じようにして原子の弾性を説明する試みである．さらに1884年の論文『物質の動力学的理論への一歩』においても，

> もしもわれわれが，弾性を欠く物質から相対的に運動している部分の結合系を作り出し，その結合系が，**運動の結果として**弾性体の本質的性質を持つようにすることができるならば，これは，物質の運動学的理論（kinetic theory）への一歩だとは主張しえないまでも，少なくとも物質の運動学的理論へとわれわれを導くであろうと期待しうる道しるべにはきっとなるであろう[14]．（強調引用者）

と当初からの願望を繰り返している．

だが，彼の「運動学的理論」はもっと包括的なものを目指していた．たかが原子の性質の一個や二個を説明したぐらいで満足していては「分子理論のニュートン」にはなりえないのだ．すべての性質をダイナミカルに説明しなければならないのである．

そこですぐさま直面する問題は，ニュートン以来力学理論のなかには収まりの悪い「力の問題」である．

さきに引いた1881年の論文での問題提起のすぐ後に，次のような願望とも失意ともつかぬセンテンスがつづけられている．

しかしこの物質の運動学的理論は，それが化学親和力や電気や磁気や重力や渦動の質量の慣性を説明しうるまでは，一つの夢であり夢にすぎない．

力の問題は，すでに18世紀末以来，重力のみならず静電気力や静磁気力の関数形式が得られたことによって以前にも増して大きな問題になっていた．それにたいしてケルヴィンは，あくまでも力そのもののダイナミカルな解明に固執し，原物質の運動状態にもとづく力の起源とその伝播メカニズムの説明を追求していたのである．

そして1886年頃には彼は渦動原子論を放棄したけれども，その理由は，ひとつには不安定性の困難であったが，いまひとつは重力以下の各種の力を説明することができなかったからである．1898年にホールマンに宛てた手紙でケルヴィンは，次のように総括している．

私は，渦動原子論だけでは，つまり非圧縮性流体の運動だけでは物質のすべての性質を説明することが不可能であることを懸念しておりました．そして渦動原子論が結晶形や電気的な力や化学的な力や重力にたいしては役に立たないことがわかりました．……いつかわれわれが原子の本質を理解するときがくるであろうと期待してもよいでしょう．大変残念なことですが，運動の単なる配列（mere configuration of motion）で充分だというアイデアを私は放棄します[(15)]．

このケルヴィンの渦動原子論にたいして「生まれたての理論について，それが重力を説明できなければならないと言いたてることは無理なことと思われるかもしれぬ」と擁護したのは1875年のマックスウェルだが[16]，当初から問題の所在ははっきりしていたのである．渦動原子論はその誕生も成長も死も実験事実とは無関係にケルヴィンの頭のなかで進められたが，その着想も放棄も同じように彼の物理学思想にのっとってのことであった．ケルヴィンにとって真の包括的理論は，力の問題をも統一的かつダイナミカルに解決すべきもの――すなわち，力をも「被説明項」とする力学理論――を意味していたのである．

Ⅳ　近接作用論と力の統一

じっさいケルヴィンの生涯的大問題は「力とは何か」をめぐる問題であった．彼はこれまでの力学における力の扱いには満足していなかった．彼がテイトと共著した『自然哲学論考』の最初の草稿には，次のような彼の書き込みが残されている．

> あーあ，すべての背後にあるのは「何が力なのか」についての約束ごとなのだ．それはまったく相対的でしかない．しかしわれわれの第一版では，不安定で崩れかけた体系に支柱を施して，力を絶対的なものにした方がおそらくよいであろう[17]．

重力の発見以来，ニュートンは重力が物質に固有のものではないとしながらも，いかなる媒質を介して伝播するのかについて想いわずらい，他方ではデカルト主義者は，重力をスコラ哲学への復帰であるとして遠隔作用の受け容れを拒否してきた．しかしフランス啓蒙主義によって数学的関数形式としての遠隔力が物理学のなかに認知されてからは，大陸では事態が逆転し，力の本質——第一原因——はもはや中心問題ではなくなっていった．とくに1785年にクーロンによって電荷間に働く力（クーロン力）が距離の逆2乗に比例するという重力と同じ関数形式を持つことが明らかにされ，1820年にアンペールが電流間に働く力を中心力で捉えその関数形式を提唱し，1847年にヘルムホルツがすべての力を中心力に還元せしめたことで，中心力と遠隔作用という新しいパラダイムは確たるものに仕上げられていった．前章で見たように，19世紀後半の大陸ではそれは唯一の認識形式に祭り上げられていった．という次第で，もっぱら大陸では数学的処理の洗練が追求されていたといえる．ウエーバーやノイマンの遠隔作用論にもとづく電気力学はその極致であった．

しかし，イギリスでは状況は異なっていた．1831年に電磁誘導を発見したファラデーは，磁石と導線の間に相対運動があるとき磁極と導線を結ぶ直線に垂直な方向に起電力が働くというこの現象が，中心力と遠隔作用では説明できないことを見抜いていた．ファラデーによる1832年ベーカー講義ではそのことがはっきりと表明されている．

244　電流と磁極の間に働く力のような方向を持つ力は，他には知られていない．その力は接線的（tangential）であり，他方，それ以外のすべての力は遠隔的に作用し〔質点間を結ぶ〕真直ぐの方向を持つ．（ファラデーの論文は『電気学実験研究』にまとめられ，全パラグラフに通し番号がついている．はじめの番号はその通し番号である．）[18]

こうしてファラデーは，媒質を介した力の伝播というニュートンのベントリー宛書簡（第6章参照）の思想を復権させることになった．

もともと小学校を出て製本職人に丁稚奉公に出，独学で自然科学を学び，王立協会のデーヴィーに自身を売り込んで化学の実験から研究活動に入ったファラデーは，ヴォルテールやダランベールによるニュートン力学の再解釈にもラグランジュやラプラスによる解析力学にもまったく無縁であった．「当時，科学的方法の一般的教程は数学と天文学の諸概念を新しい研究に次々と適用してゆくことであったが，ファラデーは数学の技術的知識を習得する機会がなかったようであり，彼の天文学の知識はもっぱら書物から得られたものである」とマックスウェルも語っている[19]．そして数学には暗いファラデーは，解析学を駆使した精巧な理論の展開よりももっぱら実験事実の直観的表現を追求していた．たとえば彼は電磁誘導を次のように表現している（もちろんこれは一部分である）．

256　相対的に運動をしている磁石と金属の間の作用の精密な様式を確定するためには，実験的にも数学的にもさらに研究とおそらくはきめのこまかい考察とを要するであろうけれども，数多くの結果は充分に明瞭かつ単純であり，一般的な仕方での表現が許されるであろう．もしも端の切れた針金を磁力線（magnetic curve）を切って動かすならば，その針金を通して電流を起す力〔起電力〕が生ぜしめられる．もっとも針金の両端に電流の放電や更新のための装備がなければこの電流は実在には到らない．
257　もしも第2の針金を第一の針金と同じ向きに動かすならば，それにも同じ〔起電〕力が生ぜしめられる．……
258　もしも第2の針金を異なる速さで動かすかあるいは別の方向に動かしたならば，〔起電〕力の変化が生じ，それらの針金の両端をつないでおけば電流が流れる．（同上ベーカー講義）

いまでは高等学校の教科書でももう少し数学的でスマートである．

しかし，このファラデーの発見はこれまでの数学では必ずしもうまく表現しきれない内容を含んでいたのであり，それゆえに表現も異質にならざるを得なかったのだ．このファラデーの表現方法をマックスウェルは「新しい象徴主義（new symbolism）」だと評しているが，人は新しいシンボルを編み出したとき新しいあるものを発見しているのである．

事実，マックスウェルが証言しているように，「ファラデーが彼の法則を述べた方法をその科学の厳密さに値しないと退けた数学者たちは，現在にいたるまで，物理的には実在しない事物の相互作用についての仮説を導入することなしには，充分に現象を表現するには至っていない」のであった[20]．

さて，通常は，電磁誘導を発見したファラデーが近接作用を表現するために力線（電気力線，磁力線）の概念を導入し，マックスウェルがその概念に数学的表現を与え，さらに変位電流の概念を加えて整合的な電磁気学と光の電磁波理論を作り上げ，ヘルツがそれを実験的に立証して電磁気学が完成されたと考えられている．そしてその発展は，場の古典論の概念が一歩一歩力学概念に取って代わる過程だと考えられがちである．またそのかぎりではケルヴィンの足跡はどこにも残されていない．

しかし本書ではあくまでもケルヴィンに焦点をあててゆくことにする．というのも，ファラデーからマックスウェルへの発展の過程でケルヴィンの果たした役割は，通常の科学史に書かれているものよりもはるかに大きいのだ．ただ彼は，その発展を力学的に解釈しようとしたがゆえに，進歩史観にもとづくその後の歴史書では抹殺されてしまっただけのことである．だが，マックスウェル自身はこのケルヴィンの路線に沿って進み，ケルヴィンの思想を踏み台にして彼の理論を作り上げたのだ．そしてケルヴィンの極限的な努力が無に帰したことの結果として場が力学から一人立ちさせられたのである．

したがって力学から場の古典論へという科学における概念枠の転換――ゲシュタルト・チェンジ――の過程で，あくまでも力学的自然観のなかに新しい概念を取り込もうと悪戦苦闘して挫折したケルヴィンを通じてこそ，その転換の意味もあるいはまた旧来のパラダイムが思想史において示す慣性も明らかにされるであろう．それはまた，力学思想の展開を通じて古典力学の何たるかを明らかにするという本書の意図にもかなっている．

じっさいケルヴィンこそは，古典力学にもっともよくこだわることによって古典力学の限界性をもっともよく体現したのであり，それだからこそ彼は19世紀のイギリスにおいては最高権威と目され，逆に今世紀にあっては「20世紀物理学にたいする引き立て役に用いられ」ているのである[(21)]．物理学者として世紀の変りとともにこれほど評価の変わった人物は，デカルトをおいては他にはいない．

もともと8歳にしてグラスゴー大学に入学を許可されて数学の天才児として育ち，ケンブリッジ卒業後一時フランスで学んだ経歴を持つケルヴィンは，イギリス人としてはフランス学派にもっとも馴染みがあり解析的な物理学をもよく理解していた．友人グレイの回想では，ケルヴィンは青年時代にラグランジュの『解析力学』とラプラスの『天体力学』を読んでいたし，「彼の初期の学問上の好みは，物理学よりもむしろ数学に向いていたようである．」[(22)]

彼が18歳で書いた論文『均質固体中での熱の一様運動と数学的電気理論にたいするその関係について』(1841)は，フーリエの熱伝導論の数学的枠組みを静電気学に適用し，不均等に熱せられた熱源を含む物体の等温度面と，電荷を含む誘電体媒質の等電位面の数学的アナロジーを論じたもので，当時ケルヴィンはフランスの数学的現象主義の立場に立っていたと見てよい．実際彼は，ファラデーのゆき方には馴染めず，1843年には「私は現象を語る彼のやり方にはまったくうんざりさせられる」とまでノートに記していた(23)．たしかにファラデーの論文は，数式がなく彼自身の造語をまじえた日常言語で綴られ，図式的に描かれているので，解析的な数理物理学に馴染んでいる者にはかえって読むのに相当の忍耐を要する．

しかし，アンペールやビオやサヴァールの後をつぐフランスの学派がファラデーを認めようとはしなかったのにひきかえ，ケルヴィンは45年頃にはファラデーの図解的な理論と解析学とを統合しうるという考えをいだきはじめたようである．

そしてケルヴィンの注意を一挙にファラデーに向けさせたのは，ファラデーが1845年9月に発見した，重ガラス中を通した光の偏光面が磁場によって変化するという，いわゆるファラデー効果であった．ファラデーにとってこの現象は，光と磁場の間の単なる一つの関係を示しているだけではなく，自然界の力はすべて連関しあっていて，諸々の力は共通のあるいは統一的な原因の別個の顕われであるという彼の信念にたいする強力な拠り処を与えたのである．

1845年の11月に提出された論文『光の磁化と磁力線の例証』の冒頭でファラデーはその信念を次のようにはっきりと表明している．マックスウェルの光の電磁理論の出る約20年前のことである．

2146　私はかねがね，物質の諸力が顕現する様々な形態は一つの共通の起源（origin）を持ち，それらの形態は直接に関係しあい相互に依存しあっているので，それらは互換的であり，等価な作用能力を有するという見解を持っていた．そしてその見解は他の多くの自然知識の愛好者と共通のものであろうと私は信じている．……
2148　……私は最近この問題を再び取り上げ，厳密で徹底的な実験を行ない，ついに〈光線の磁化と電化および磁力線（magnetic line of force）の例証〉とに成功した．
……
2221　かくして，私の考えるところではじめて，光と電磁気力の間の真の直接的な関係と依存性とが確立され，すべての自然力が互いに結びつけられ，単一で共通の起源を有するということを証明するであろう事実と考察とに大きな進歩がなされたのである．

ケルヴィンの関心をファラデーに向けさせ，彼の天才的想像力に火をつけたのも，単なる光と磁場の関連性ではなく，この自然力の統一というファラデーの信念，およびファラデー効果がその信念を現実のものとして示したという予感に他ならない．ケルヴィンも自然力が共通の起源を持つという思想を共有していたのだ．1847年に英国協会において力学的仕事が定まった量的関係で熱に転換するというジュールの発見を聞いたときに，カルノーの熱素説の立場にとらわれていたためにジュールの理論は間違っているのではないかと思いながらも，ケルヴィンがそこに何がしかの真理があると感じてすぐさまジュールと話しあったのも，そして「〔ジュールの〕論文に大きなショックを受けた」のも，同じ理由からである．

ファラデーの論文が出たのは45年の11月末，そして翌46年の1月24日にはケルヴィンはファラデーに会って相当突っ込んだ話し合いをしている．当然，静電気力（クーロン力）を帯電した導体間に介在する物質中の隣接粒子（contiguous particle）の作用にもとづく張力だとして遠隔作用を否定した1837年から38年にかけてのファラデーの一連の論文『誘導について（*On Induction*）』を読んでいたであろう．こうしてケルヴィンは近接作用の立場に立ち，空間にあまねくゆきわたっている弾性的媒質のひずみや運動の様態から力を数学的に導き出し，力の伝播をモデル的に描くという，電磁気学のダイナミカルな解釈とその数学的表現の試みに没頭してゆく．当然その年の5月に出された，光を力線の振動の伝播であると見るファラデーの論文『光線振動について』も読んでいたと考えられる．そして11月の28日に一応の完成を見た，とケルヴィンは自分では思った．この過程を彼の日記から少し見てみよう．

1846年6月1日

……春学期の始め以来，電気と磁気の伝播の理論を力の固体的伝播と結びつけようと試みてきた．

10月31日　11.45 PM

この夕方（私の就任講演を仕上げる仕事の最中に）磁気の透明物体と偏光への影響というファラデーの発見について考えたのちに，特異な方法で構成された弾性固体のひずみによって磁気と電気を表わすことができるという，以前に放棄した——3月に着想した——自分のアイデアを考え直してみた．

……
11月28日 10.15 PM
とうとう，電気力と磁気力と電流力の力学的・運動学的（mechanico-cinematical）な表示をやりとげるのに成功した．昨日の夕方はじめの二個をケーリーに書き送ったのだが，たった今最後のケースも片づけてしまった[24]．

この1846年の11月1日に彼の力学思想を表明したグラスゴー大学の就任講演がなされたことは，すでに本章IIのはじめで述べた．そしてこの年の11月28日という日付けはケルヴィンにとって生涯忘れられない日になったのだが，読者諸氏もしばらくは記憶にとどめておいてもらいたい．

この結果は翌47年の『電気力，磁気力，電流力の力学的表示について（*On a Mechanical Representation of Electric, Magnetic and Galvanic Force*）』という論文にまとめ上げられた．大略は，弾性固体の平衡条件より三個の解が得られ，そのそれぞれにたいして，数学的アナロジーによって，電気力，磁気力，電流間の力が割り振られるというものである．

この論文は，現在では電磁気学史のなかではまず顧みられることはない．

しかし，ファラデーからマックスウェルへの電磁場理論の発展の連結環になっているのがこのケルヴィンの論文であった．否，マックスウェルの研究の出発点になっているのがこの論文であるといった方がより正確であろう．じっさいマックスウェルは1855年のいわゆるマックスウェル理論への第一歩を記した論文『ファラデーの力線について』において,「私の心の中で〔ファラデーの理論にたいする〕数学的表現の可能性が明瞭に見通せたのは, W. トムソンの論文『電気力, 磁気力, 電流力の力学的表示について』および彼の『磁気の数学的理論』を熟読してからである」と認めている[(25)]. また彼の電磁気学の集大成である『電気と磁気の論考 (*A Treatise on Electricity and Magnetism*)』の序文 (1873) でも次のように証言している.

現象を考察するファラデーのやり方と数学者のやり方の間には違いがあると考えられていたことを私は知っていた. しかしまた, この喰い違いはいずれかの側が誤っているから生じているのではないとも私は確信していた. はじめに私にこのことを確信させてくれたのはウィリアム・トムソン〔ケルヴィン〕卿であり, この点については彼の助言や協力や彼の公にされた論文に多くを負っている[(26)].

マックスウェルの伝記作家キャンベルおよびケルヴィンの友人グレイは, ここでマックスウェルが指しているトムソンの論文が1847年のものであるとはっきり断定している[(27)]. ことほどさようにケルヴィンの1847年の論文はマックスウェルの電磁気学の形成に大きく寄与しているのである.

しかし, ケルヴィン自身は, この論文には決して満足していなかった．これだけでは，弾性力と電磁気的な力との間の数学的アナロジーにすぎず，彼の力学思想はこの弾性固体にたいする立ち入ったダイナミカルな理論を要求していたのだ．じっさい，この論文の末尾には，

> 私は，電気，磁気および電流における各種の問題を表示する固体の状態の立ち入った研究に入り込むならば，私の現在の限界を越えるであろう．それゆえ，**その研究は将来の機会のために残しておかれねばならない**(28)．（強調引用者）

と問題を提起している．その年の6月11日付のファラデー宛の書簡では，もっと具体的に問題点を挙げている．

> 私があなたにお知らせした論文を，私は，電気力と磁気力にたいするアナロジーを弾性固体中を伝播する〈ひずみ〉によって与えることで締めくくりました．私が書いたものは数学的なアナロジーのスケッチにすぎません．私はそのアナロジーを電気力と磁気力の伝播の物理学的理論の基礎とするための可能性を示唆することすらあえてしませんでした．そしてその物理学的理論というものは，もしも確立されたならば，必然的な結果として電気力と磁気力との間の関係を表わし，また，いかにして磁気の純粋に〈静的な〉現象が，運動状態にある電気から，ないしは磁石のような不活性な質量から生ずるのかを示すでありましょう．**もしもこのような理論が発見されたならば，それはまた，光の波動論と結びつけられることによって，偏光への磁気の効果をもおそらくは説明することでありましょう**(29)．（強調引用者）

そして，この電磁気力と光のダイナミカルな統一という

問題こそが，ケルヴィンのその後半世紀にわたる生涯的なテーマになったのである．

このような渦動原子論や力の問題にたいするケルヴィンの思想と姿勢は，彼の自然観――〈ダイナミカルな自然観〉――が単なる機械論への復帰ではなく，〈力学的自然観〉のなかに，デュ・ボア＝レーモンが見抜いたところのそれによっては説明のしようのない「力」と「物質」の問題を何とか取り込もうとするものであることがわかる．したがって〈ダイナミカルな自然観〉は，〈力学的自然観〉の最後的攻撃ということもできよう．

V　光エーテルをめぐる困難

22歳の青年ウィリアム・トムソンは希望を持って研究を開始した．若くして念願のグラスゴー大学の教授に就任したばかりでいきなり当時の最高権威ファラデーが発見し示唆した最先端の問題に逢着したのだから，当然といえば当然である．すでに電磁気力と光の統一については47年の論文でともかくも数学的表現は得られている．その問題をダイナミカルに基礎づけたうえで，重力や化学親和力にまで理論を拡大してゆけばよいであろう．物理学では問題が明瞭に設定されたときには，解答のすぐ近くにまで来ているものである．かくしてトムソンは自らの路線に邁進していった．1849年には，ストークス宛の手紙で47年の件の論文に触れて，「私がその論文を書いたとき，光を含むすべてのそれらの作因〔つまり静電気と磁気と電流の力〕の満足のゆく物理学的理論が可能であるという希望を持ったし，いまもその希望を持っています.」と，打ち明けている[30]．その年，論文『磁気の数学的理論』を書いた.

じっさい，その後ケルヴィンは，弾性固体のひずみや部分の運動から電磁気学的諸力を導き出すモデルを次々と考案している．渦動原子論において完全流体の運動状態として原子をモデル化しようとしたのとまったく同様に，力や磁場を弾性固体の力学的運動状態としてモデル化しようとするものである．現代のわたくしたちは電磁気学を場の理論として了解し，電場や磁場それ自体を独立した実在と看做しているのであるから，それらを力学的媒質の運動状態の結果と見るダイナミカルなモデルといってもおよそ見当がつかない．そこで，1856年のケルヴィンの論文から一例を挙げてみよう.

> 簡単にわかることだが，次のような構造を作り上げる無限に多くのやり方がある．すなわち，充分に大きなスケールで見たならば均質ではあるが，感性的には均質に見える程度の大きさの中ではその構成部分がある種の回転運動を持ちその結果として〔その部分の回転の〕モーメントの軸が磁力線のように並んでいる構造が，磁場の中での透明物体の光学現象を説明するであろうような，そういう構造である[31].

もちろんこれは，ケルヴィンがその後も次々と考え出していった数多くのモデルの一つの例にすぎない．そのようなモデルを逐一たどってもあまり意味がないが，ともかくもその努力は，半世紀にわたって続けられたのである．1889年には，47年の論文の最後の一節――「その研究は将来の機会のために残しておかれねばならない」――に触れて，「私はその問題を42年間にわたって――昼も夜も，夜も昼も――考え続けてきたとつけ加えてよい．……その問題はこれらの年月の間私の心の中にあった．私は幾日も幾夜も説明を見出そうと試みてきたが，しかしいまだにその解答を見出してはいない」と告白している(32)．

事実，その努力の結果得られたものはなにもない．ちょうど50年後の1896年の2月のストークスへの次の手紙は，戦闘継続中というより敗北の確認に近いひびきがある．

私は，1846年の11月28日の少し前よりほとんど絶え間なく，静電気力の力学的でダイナミカルな表示（mechanical-dynamical representation）のための試みを続けてきましたが，これまでのところまったく無駄に終わりました．マックスウェルも含め他の多くの人々もまた，多少なりとも同じ試みをしてきましたが，成功への一条の光にすら近づいていません(33)．

同年4月のフィッツジェラルドへの手紙では，さらに痛ましい．

私は，1846年11月28日以来，電磁気理論に関してかたときの平安も幸福も持ったことがありません．この間ずっと私はエーテル中毒の発作に悩まされ，この問題を考えることを厳しく控えている間だけ発作からまぬがれています[34].

皮肉なことにこの年は，ケルヴィンがグラスゴー大学の新設の自然哲学講座の教授になってちょうど50周年でもあり，6月には盛大に50周年記念式典がとり行なわれ，イギリス各界からはもとより大陸やアメリカそして日本からもケルヴィンに祝辞が寄せられた．そしてその式典の挨拶でケルヴィンは次のように自らの敗北を宣言せねばならなかったのだ．

> 私がこの50年間にわたって忍耐強く行なってきた科学の進歩に向けての最も精力的な努力を特徴づける言葉は〈失敗〉であります．私は，電気力や磁気力やあるいはエーテルと電気と可秤物質の関係やあるいは化学親和力については，50年前に私が知っていて教授としての最初の学期で自然哲学の私の学生諸君に教えようとした以上には，現在も知ってはおりません[35].

古典力学に最もよく通暁し古典力学の極致まで追究したケルヴィンの敗北とは，いうまでもなくダイナミカルな自然観そのものの敗北であった．

この50年の間の物理学の最も重要な転換点は1864年のマックスウェルの理論とそれにもとづく光の電磁波理論であり，そして1888年のヘルツによる電磁波の実証である．したがって，すべての自然力と光とを力学的に統一するというケルヴィンの試みの敗北も，光の電磁波理論の以前と以後で区別して吟味する必要があるかのように思われよう．しかし実際には，ケルヴィンの追究は単なる光の波動論の段階ですでに大きな困難に直面していたのだ．

ヤングとフレネルによる光の波動説は当時すでに広く承認されていたし，また光が横波であることも判明していた．しかるに，力学的自然観，とりわけダイナミカルな自然観の枠内では，運動形態の伝播としての波動は，当然のこととして運動する〈もの〉としての力学的媒質——光波の場合は光エーテル——を要求する．

当時の物理学者はこのエーテルをどのようなものと思念していたのだろうか．この点では，同じ力学的世界像の地平にある19世紀物理学者の間でも数学的現象主義を採る大陸と実体的・モデル的力学観を持つイギリスの物理学者とくにケルヴィンではまったく異なっていた．ポアンカレにいわせれば「フランスやドイツでは，エーテルなるものは微分方程式の一体系にすぎないのでありまして，この方程式に矛盾がなく，観測された事実がこれによって説明されさえすれば，それが多少突飛な像をよび起こしたって，そんなことは意に介さないのであります．これに反してウィリアム・トムソン〔ケルヴィン〕は，ただちに既知の物質中でエーテルに最もよく似ているものを探します」ということになる．実際，ケルヴィンにとってエーテルはあくまでも現実の物質（real matter）であった．光の数学的理論はすでに存在するが，欠けているのは光のダイナミカ

ルな理論であるという問題意識に立って行なわれた1884年のボルチモア講演では,

> 私たちは,光エーテルを事態を表示する観念的な仕方(ideal way)であると見なすべきだというような示唆に耳を傾けてはならない.私の信ずるところでは,私たちと遠い星の間には現実の物質(real matter)が存在し,**光とはその現実の物質の現実の運動**(real motion)——つまりヤングとフレネルによって記述された運動,横振動という運動——**よりなる**(36).(強調引用者)

と,所信を表明している.しかも,光が横波であるからには,考えられるエーテルは横方向の変位にたいして復元力の働くもの,つまり弾性固体でなければならない.そしてそのようなエーテルとして彼が連想していたものは,たとえばスコッチ・シューメーカー・ワックス——よくわからないが固い松脂のようなものらしい——である.

さて,光エーテルをこのように現実の物質としての弾性固体と考えるならば,ただちに二つの困難に直面する.

光速(3×10^{10} cm/s)のような速い波動が伝わるためにはエーテルはきわめて固く,しかもきわめて希薄でなければならない.実際,等方的な弾性体中の横波の伝播速度は,剛性率(ずれ弾性率)をμ,密度をρとして$v=\sqrt{\mu/\rho}$で与えられるが,ケルヴィンは1896年のフィッツジェラルド宛の手紙では$\mu\geq9\times10^8$ dyn/cm^2,$\rho\geq10^{-12}$ gr/cm^{3}というような値を考えている(37).もちろんこのような物質は実在しない．しかし問題は，そのような固い物質中を天体が何の抵抗もなく自由に動きまわることにある．これが第一の困難であり，この困難はケルヴィンにいわせれば「打ち勝ち難い（insuperable)」もので，ボルチモア講演では「この時点では私たちは，地球が光エーテルを引きずっているのか，それとも地球があたかも非粘性流体中を通り抜けるように動いているのかは知らない」と述べている．なお，このときの聴衆のなかにマイケルソンとモーレーがいたことは，後の，エーテルにたいする地球の相対運動の検証という彼らの画期的な実験のアイデアに，ケルヴィンも——間接的にであれ——大きく寄与したのではないかという想像を刺戟する．

第二の困難は，通常の弾性固体では横波（湾曲波 distortional wave）とともに縦波（圧縮波 condensational wave）が必ず併存するにもかかわらず，光エーテルには縦波に相当するものが存在しないということにある．この困難は異なる媒質の境界面での反射と屈折を考えれば直ちに露呈する．ボルチモア講演での表現では「湾曲波は圧縮波がなくとも存在しうるかもしれないが，湾曲波は境界面において各媒質に圧縮波を生じることなしには反射されえない」からである．境界面にななめに入射する波を考えればよい．ケルヴィンは「じっさい圧縮波はこの問題では一貫して〈最もきらわれたもの（*bete noir*)〉である」と嘆いている．エーテル中に縦波が存在しているとしてそれに静電気力を割り振るという試みもなされたけれども，結局はうまくゆかなかった.

以上の困難はマックスウェルの理論とは無関係であり,光の波動論を認めたうえで,その光を力学的に解釈しようとするかぎり必ず直面するものである.

もちろんこのような困難は,光を力学的媒質の運動状態と見る解釈を放棄し,それ自身を独立した物理的実在物と看做せばそれで解決するであろう.しかし光を一人立ちさせるためには,光が何であるのかが,つまりその振動を表わす物理量が何であるのかが,より深く明らかにされなければならない.

いまから考えれば,光の本質を明らかにしたものこそマックスウェルの理論である.すなわち,光とは電場と磁場の波動である.したがって電場と磁場それ自体を物理的実在ないしは空間の物理的性質と看做せば,エーテルにまつわる困難はすべて消滅する.しかし,マックスウェルの理論に登場する電場——正確には次節で見るように電気変位——や磁場を相変らず力学的媒質としてのエーテルの運動状態と捉えるかぎり,光エーテルの困難はそっくりそのままマックスウェルの理論にも持ち越されてしまう.

もちろんケルヴィンはマックスウェルの理論やヘルツの実験に大きな関心を示した.しかし彼は,あくまでもエーテルの運動状態をモデル化するという彼自身の発想法の枠内でそれらを理解しようとしたのだ.

したがってケルヴィンにとってマックスウェルの理論は,新しく発見された物理的実在としての場の基本方程式を与えたがゆえに重要なのではなく，理論的に光エーテルの存在を論証したがゆえに重要なのであった．そしてまた，ヘルツの実験も，もちろん客観的にはマックスウェルの理論を実証したものではあるけれども，当時のイギリスの大多数の物理学者にとっては，力学的な実体としてのエーテルの実在を実証したものと解され，その意味で評価されていたのだ(38)．もちろんその筆頭はケルヴィンである．1893年にはヘルツの論文集が英訳されたが，ケルヴィン自ら筆を取ってその序文を書きヘルツの業績を称讃している．そこでは，重力をめぐっての媒質を介した力の伝播というニュートンの立場と真空中に遠隔的に力が作用すると考えるD.ベルヌイの立場（前述，第6章V参照）の対立はいまだに実験的に決着がついてはいないが，電気と磁気に関してはファラデーの近接作用論がヘルツの実験によって実証されたとして，ケルヴィンは次のように締めくくっている．

> ファラデーが最初に彼の力線によって物理的数学者達を怒らせて以来56年間の間，多くの研究者や思想家が，光と熱と電気と磁気にたいして一つのエーテルという19世紀の〈充満(plenum)〉の学派を築き上げてきた．そして，今世紀の最後の10年間に与えられたヘルツの電〔磁〕気学の論文をまとめたこのドイツ語と英語の書物は，いま実現された素晴しい結末の永遠のモニュメントになるであろう(39)．

したがってケルヴィンの頭には，ヘルツの実験によっても，力学的媒質を捨てて電磁場を一人立ちさせるというようなことは思いもよらなかったのである．この論文集の序論においてヘルツ自身が「《マックスウェルの理論とは何か？》という問いにたいして，私は次のような答よりも簡単でまたそれ以上に確かなものを知らない――すなわち，マックスウェルの理論とはマックスウェルの方程式のことである」との名言を吐いているにもかかわらずである(40)．

このかぎりで，1896年のケルヴィンの敗北宣言は必至であった．

VI マックスウェルの理論をめぐって

マックスウェルの理論は――それを正面から論ずるのはあまりにも本書の主題を逸脱するので概略を述べると――次のようなものである．以下は，いわゆるマックスウェルの第3論文（『電磁場のダイナミカルな理論』1864）によるが，もちろん少々現代風に表現する．

たとえば，誘電体の挿入された平行板コンデンサーの充電過程を考える．そのとき，誘電体内の中性分子の分極が生ずる．つまり分子の一方の側は正に他方の側は負に帯電する．この全体的な効果をマックスウェルは電気変位（displacement of electricity または electric displacement）と名付けた．このさい，充電の途中では誘電体内の極板に平行な任意の面を正負の電荷が逆向きに通り抜けたのだから，結果としては極板間に電流が流れたことになる．もちろんこの電流は充電の間だけ持続する過渡的なもの——マックスウェルの表現では「電流の開始（commencement of current）」——だが，コンデンサーに交流電圧をかければ分子の分極によって正負の電荷が交代をくり返すことになり，極板間に交流電流が流れたのと同じ効果になる．すなわち「電気変位の変動は，変位の増減に応じて正負の方向の〔交代〕電流を構成する」わけである．これを「変位電流」という．

ここで「分子（molecule）」という言葉が使われているけれども，すでに分子なり原子なりの構造を知っている——と思っている——わたくしたち現代人の指しているものとは必ずしも同一ではなく，マックスウェルの分子はより無規定であるとともにより広い意味を持っている．もちろん彼は原子論の立場に立っているから，誘電体の場合には分子は誘電体の構成粒子と考えられている．しかし飛躍はこの後にある．マックスウェルは「真空」の空間にたいしても，その空間に充満するエーテルとその構成分子の存在を認め，そのエーテル分子の分極による電気変位と変位電流という概念を「真空」の空間にもスライドさせる．**つまり「真空」をも一種の誘電体と看做す**わけである．そして，この「エーテルで充満した真空」中の変位電流という点に近接作用論と遠隔作用論の決定的な分枝が生じる．

ファラデーも，2個の導体を帯電させたときそのことによって導体間の空間中に密に存在する隣接粒子（contiguous particle）が分極すると考え，その分極した粒子をつないでできる力線（電気力線）の張力によって導体間の力を説明しようとしているのであり，やはり誘電体の存在している場合からはじめて，エーテルを想定することによって「真空」にまで力線を拡大している．マックスウェルの議論もファラデーを継承したものではあるが，静電気力だけを問題とするかぎり近接作用で表現しようが遠隔作用で表現しようが効果は同じことである．

しかし「真空」の電気変位と「真空」中の変位電流を考えれば話はまったく異なってくる．

すなわち，「真空」の電気変位が変動すればそこに変位電流が流れる．しかるに，この電流を荷電粒子の流れとしての通常の電流と同一視すれば，そのまわりに磁力線（磁場）が生じる．他方，電磁誘導の法則では磁場の変化はそれに垂直に起電力（誘導電場）を生みだすから，この磁力線の発生によってあらためて起電力，したがってまた，その起電力による「真空」の電気変位が生みだされ，このようにして「真空」中——当時の表象ではエーテル中——に電磁気的攪乱の波動が作られ伝わることになる．この現象は遠隔作用論では決して予見できない．

しかもマックスウェルは，この波動が横波であること，またその伝播速度 v が電磁気的定数のみから決まることを示し，すでになされていたウエーバーとコールラウシュによるそれらの定数の測定値より，電磁波動の伝播速度を

$$v = 3.1074 \times 10^{10}\ \mathrm{cm/s}$$

と算出し，その値が以前から知られていた光速

フィゾー　：3.14858×10^{10} cm/s
フーコー　：2.98×10^{10} cm/s
光行差より：3.08×10^{10} cm/s

とほぼ一致することを認めた．こうしてマックスウェルは

> (20) この〔電磁気的攪乱の伝播〕速度は光の速度にきわめて近いので，光自身が電磁気学の法則にのっとって電磁場中を伝播する波動の形態をした電磁気的攪乱であるとしてよい強力な根拠があるように思われる(41)．

と結論づけた．

もっとも，ここで書かれている「電磁場」を現代の意味で捉えると，「電磁場中を伝播する波動の形態をした電磁気的攪乱（an electromagnetic disturbance in the form of waves propagated through the electromagnetic field)」という表現はおかしなことになる．現代では「電磁気的攪乱」それ自身を「電磁場」と捉えているが，マックスウェルにとっては，「電磁気的攪乱」はあくまでもエーテルの運動の様態であって，ここで語られている「電磁場」はその運動形態が伝播する場所的空間を指しているにすぎないのだ．彼はまだ「場」の概念を捉えきっていない．

後にマックスウェルが書いた『電気と磁気の論考』(1873）の表現では「媒質の中を伝播する電磁気的攪乱（an electromagnetic disturbance propagated in the media)」とあり(42)，「場（field)」の用語法にも少し注意

がはらわれているようだが，結局のところマックスウェル自身，彼の理論が本当のところ何であるのかを捉えきってはいなかったのである．少なくとも彼は，電磁波の媒質たるエーテルの存在には疑いをいだかなかったといえる．

ケルヴィンのマックスウェル理論への反応は複雑である．ボルチモア講演においても，あるところでは，

電磁理論によって破壊されるどころか豊富にされる光の波の明確なダイナミカルな理論が存在するということは，絶対的に確かである(43)．

と未来への希望を表明している．そしてエーテルの実在性を論理的に導き出したという点では，光の電磁波理論はケルヴィンにとっても評価されるべきものであった．しかしそれと裏腹に光エーテルは——もちろん力学的媒質としてのエーテルに固執するかぎり——ますますわけのわからないものになることをケルヴィンは認めざるを得なかったのだ．その同じボルチモア講演で，

もしも私が光の〔電〕磁気理論（magnetic theory of light）の何たるかを知っているならば，私はそれを光の波動論の基本原理と関係づけて考えることもできよう．しかし，いわゆる光の電磁理論（electromagnetic theory of light）を採用することは，むしろフレネルとその後継者達によって示されたきわめて明快な力学的運動からの後退であるように私には思える(44)．（〔　〕内引用者の補い，この引用は前節Ｖのうしろから２番めに引用した部分（P.268）の後につながる部分である．）

と語り，はては，マックスウェルの理論に対して「わからないことをさらにわからない言葉で説明する（ignotum per ignotius）」ものとまで評している．

要するにケルヴィンは，マックスウェルの理論の「何たるか」を理解できなかったのであるが，それはもちろんケルヴィン自身の概念枠や発想法でもってしてはということである．電場や磁場を力学的実体としてのエーテルの運動の様態としてダイナミカルに捉えようとするかぎり，それは理解しえないのであった．次のボルチモア講演の一節がそのことをよく示している．

私は，事物の力学的モデルを作りうるまでは決して満足しない．力学的モデルを作れたならば，私はそれを理解しうる．**そしてこれこそ私が電磁理論を受け容れることのできない所以である**．私は光の電磁理論を固く信じているし，私たちが電気と磁気と光とを理解したときにはそれらすべてが単一の全体の部分であることを目にするだろうと信じている．しかし私は光を，より理解の乏しい事柄を導入することなく最大限理解したいと思う．これが，何故に私が平易なダイナミックス（plain dynamics）をとるのかの理由である．平易なダイナミックスではモデルを得ることができるが，電磁気学ではモデルが得られない．しかし，磁石の役割をする回転子と磁気の役割をするある不可秤なものを得て，実験によってマックスウェルの電気変位という美しいアイデアを実現したならば，そのときには私たちは，電気と磁気と光とを同じ体系のもとに密に結びつき基礎づけられたものと見なすであろう(45)．（強調引用者）

この一文がマックスウェル理論にたいするケルヴィンのすべてを表わしている．つまり，彼にとって力学的実体を用いてモデルを作りうるということが認識可能性の唯一の条件であり，しかもマックスウェルの理論にとって——したがって近接作用論にとって——のキー・ストーンである「電気変位」こそ，徹底的に力学的モデルを許容しない概念であったのだ．その後ケルヴィンは，一時は固体エーテルを放棄して非圧縮性流体エーテルを考えたりするが，ともかくも肝心要の「電気変位」はことごとく挑戦をはね返した．

1893年にヘルツの業績に触れて，問題を次のように総括している．

> この成果はたしかに素晴しいものであるけれども，電気科学にとってこれ以上征服すべき世界はないと考えたりここで立ち止ったりしてはいけない．いまやわれわれは〔電〕磁波(magnetic wave)について何かを知っている．自然には〔電〕磁波が存在しそれがマックスウェルの美しい理論によく合致することも知っている．しかしこの理論は〔電〕磁波を構成する物質の現実の運動については何も教えてくれない．波動における交代磁力線と空間における作用の伝播方向とに直交する物質のあるきまった運動〔つまり電気変位〕は，たしかに存在するにちがいない．そして，その運動は主要には，エーテルにともなって運ばれる可秤分子の周辺部分のために比較的小さいが一定程度の負荷を負わされたエーテルの運動であると仮定するのが，おおむね満足のゆくもののように思われる．この仮定は，マックスウェルの「電気変位」を単純に作用の伝播方向に直交するエーテルの動揺運動，いいかえれば，フレネルによる光の波動論における振動運動だとするものである．しかし私たちは，いまもって，この単純で明快なエーテルの交代運動ないしはエーテルの他の運動や変位と電気や磁気についてのもっとも早くから知られていた運動——つまり，物体の帯電と帯電した

> 物体間の引力や斥力，天然磁石や鉄の永久磁気とその引力や斥力——との関係について，理解し想像するための何の指針も持ってはいない．そしてたしかに私たちは，現代における電磁気学の発見以降よく知られるようになった引力や斥力のきわめて大きな諸力をエーテルや他のもので説明する手がかりを得るにはほど遠くにいることは確かである(46)（〔　〕内引用者の補い）

かくして，1896年のいくつかの書簡や50周年記念祭の挨拶でのケルヴィンの敗北宣言へとつながってゆく．

いまから考えると，真空としてのエーテルの電気変位などは，考えずにすむことである．しかしケルヴィンがいかに電気変位の力学的解釈にとらわれていて，基本概念としての電場という把握から遠かったのかということは，彼があくまでも磁波（magnetic wave）という奇妙な用語を用い電磁波（electromagnetic wave）とはいわなかったことからも窺えよう．もっともこの点ではマックスウェルも五十歩百歩で，『電磁場のダイナミカルな理論』では，「(95)この波はまったく磁気攪乱のみからなる．……したがって電磁場中を伝播する磁気攪乱は光と一致する」とある．しかし，くりかえすけれども，場をエーテルという物質の力学的運動状態であるという力学観に固執するかぎり，場そのものを実在と看做す，あるいは空間の物理的性質と看做す発想は決して生まれない．「マックスウェルの理論は〔電〕磁波を構成する物質の現実の運動については何も教えてくれない」とケルヴィンは嘆くが，責任はマックスウェルにはなく，ダイナミカルなモデルに固執したケルヴィン自身にあった．

ちなみに，マックスウェル自身も，新しい場の理論と古い力学的世界像の間で，過渡期の特徴をよく体現している．『電磁場のダイナミカルな理論』では，標題からしてもそうだが，言わんとする内容と使っている言葉とがちぐはぐである．

(3)　わたくしが提出するこの理論は，電気的ないし磁気的物体のまわりの**空間**を扱わねばならないがゆえに**電磁場の理論**とよばれ，観測される電磁気的現象を生みだすような**物質**がその空間に存在することを仮定するがゆえに**ダイナミカルな理論**とよばれる．

(4)　電磁場とは，電気的あるいは磁気的条件におかれた物体を含み，それをとりまく**空間の部分**を指す．（強調引用者）

ここで語られている「電磁気的現象を生みだす物質」なるものを仮定しさえしなければ，そしてまた，電磁場を「空間の部分」とせずに「空間の性質」とすれば，これはまぎれもない場の理論である．いまから考えれば，そのような物質の仮定はまったく不必要である．しかし，19世紀の人間には，それを波の媒質として仮定しなければ電磁波は考えようがなかったのである．

1900年に76歳の老ケルヴィンは『熱と光のダイナミカルな理論をおおう19世紀の雲』という論文で，最もいまわしい雲の一つとして，地球や天体がその内部を自由に動きまわれるというエーテルの困難をあげている．力学的媒質としてのエーテルという表象が完全に粉砕され，場の理論が場の理論として最終的に認められたのは，1905年の青年アインシュタインの特殊相対性理論によってであった．そして1916年の一般相対論においてはじめて，重力が空間そのものの性質として説明されることになった．

ケルヴィンは完成された科学としての古典力学に最も忠実であり，19世紀において頂点に達した力学的自然観に殉じたのである．力学的自然観のなかにはどうしても外在的で偶有的なものとしてしか収まらない力と物質を，なおかつそのなかにとり込もうとした彼の努力――ダイナミカルな自然観――は破産した．彼は帝国主義に突入した最先進資本主義国家イギリスの価値観を少なくとも結果的には最もよく体現し，またその時代の科学思想を最もよく順守し，それゆえにその社会とその時代を一歩も越えることなく，「20世紀の引き立て役」に終わった．

ともあれ，場の理論の形成過程におけるジグザグのなかに，ケプラーとガリレオにはじまり，ニュートンによって基礎を築かれ，ラプラスとラグランジュによって整備され完成された古典力学と古典力学的世界が，いかに大きなものを19世紀に残したのか，そしてまた19世紀の物理学者をいかに呪縛したのかを看て取ることができる．その意味では，肯定的にも否定的にも「19世紀は力学の世紀」（ボルツマン）なのである．いずれにせよ，デカルト的あるいはダランベール的あるいはケルヴィン的な汎合理主義が全面貫徹することは不可能である．

多くの進歩史観や啓蒙史観のいうように，自然科学は，人がとらわれのない目で虚心坦懐に自然を観察しそこから法則性を読み取り帰納と演繹の操作を通して体系化したことによって形成されたものではないし，したがってまた，そのようにして人類は古代から一歩一歩と自然の謎を解き明かし知識を蓄積し，近代にいたってはじめてとらわれのない目と合理的な推論を身につけて近代科学を開花させたわけでもないだろう．そうではなく，一定の概念枠と評価基準とを持って自然の複雑な諸相を人為的に理想化しそこに法則性を読み込んで作り上げたものが自然科学であり，しかもその概念枠や評価基準は人間の社会的関係のなかから生まれているのである．したがって一つの理論体系は，自然の一つの読み方を表わしているといえよう．科学のある時点での現在高は，いかに精巧で完備に見えようとも，その概念や道具立ては歴史的・社会的に制約されたものでしかなく，その科学にもとづいて形成された世界像が超時間的・絶対的に妥当するというのは迷妄にすぎない．

力学的世界像は一つの時代の世界像であり，その力学的世界像のなかに「力」と「物質」を取り込もうとする努力は所詮空しい努力であった．ケルヴィンの挫折自体が，力学的世界像が，力を関数概念として操作主義的に受け容れ，その存在にまつわる設問を却下することにおいてのみ成立しえたのだということを，逆説的に示している．

近代社会とともに形成された古典力学の作る世界像は，

まったくもって近代的世界を映し出しているものであり，またそのようなものでしかありえない．（おわり）

注

第10章

（1） Ptolemy, *The Almagest*（Taliaferro, R. C. 英訳, *Great Books of the Western World*, No. 16), Book 7, ch. 1〜4.

（2） Copernicus, *On the Revolution of the Heavenly Spheres*（Wallis, C. G. 英訳, *Great Books of the Western World*, No. 16), Book 3, ch. 1〜3.

（3） Euler, "Découverte d'un nouveau principe de mécanique（1750)", §20〜24, *Opera*, Ser. 2, Vol. 5, S. 89. 同, Vorwort des Herausgebers, VII, n. 2参照.

（4） Euler, *Mechanica*, *Opera*, Ser. 2, Vol. 1, §98, S. 38.

（5） Diderot,『自然の解釈に関する思索』, p. 40.

（6） Euler, "Formulae generales pro translatione quacunque corporum rigidorum（1775)", および "Nova methodus motum corporum rigidorum determinandi（1775)". ともに *Opera*, Ser. 2, Vol. 9 所収. なお, 前者論文に瞬間的回転軸の存在が証明されている.

（7） Euler, "Recherches sur la connoissance mécanique des corps（1758)", *Opera*, Ser. 2, Vol. 8. なお,『固体または剛体の運動の理論』第2部・定義7, 8参照.

（8） Euler, "Du mouvement de rotation des corps solides autour d'un axe variable（1758)", *Opera*, Ser. 2, Vol. 8.

（9） Euler, "Recherches sur la précession des equinoxes et sur la nutation de l'axe de la terra（1749)", および "Recherches sur la mouvement de rotation des corps célestes（1766)". ともに *Opera*, Ser. 2, Vol. 29 所収.

（10） 1856年にマックスウェルは,「多分, 異なる観測者の諸観測をより詳細に検討し解析すれば, 緯度の周期変化は, もしもそれが存在するのであれば, 決定されるであろう. 動力学的な根拠にもとづけば, 326.5日〔マックスウェルは $I_1/(I_1-I_3)=326.5$ つまり $|I_3-I_1|/I_3 \cong |I_3-I_1|/I_1=0.00306$ としている〕の, 他の天文学的サイクルとははっきりと区別されそれゆえ容易に認めうるはずの周期を持つ, きわめて小さな変化を見出す充分な理由があるのにひきかえ, 私は, その緯度変化が存在しないことを証明したどのような計算も見聞していない」と語っている. "On a Dynamical Top", *The Scientific Papers of James Clerk Maxwell*（Dover Pub. Inc.）Vol. 1, p. 261.

（11） 服部忠彦・弓滋, "経緯度の変化",『新天文学講座（4）地球と月』（恒星社), Darwin,『潮汐』（注2-2), ch. 15. Routh, E. J., *The Advanced Part of a Treatise on the Dynamics of a System of Rigid Bodies*. 6th ed., 1905, §534〜540.

第11章

（1） Boss, *Newton & Russian, the Early Influence; 1698-1796*（注7-3），p. 153より．
（2）『百科全書』，p. 19.
（3） Cassirer,『啓蒙主義の哲学』，p. 68より，なお第11章Iのはじめの引用も，同p. 57より．
（4）『百科全書』，p. 112 f.
（5） *Ibid.*, p. 108 f.
（6） Voltaire,『哲学書簡』，p. 155.
（7） d'Alembert, *Recherches sur la précession des equinoxes, et sur la nutation de l'axe de la terre, dans le système Newtonien,*（1749, Bruxell Culture et Civilisation, 1967），p. vij sq.『百科全書』P. 126参照.
（8） Lange, *Geschichte des Materialismus*（注5-4），Bd. I, S. 381.
（9） Fourier, J., *The Analytical Theory of Heat*（1822, Freeman, A.英訳, Dover Pub. Inc., 1955），p. 1.
（10） Ampère, A. M., "Mémoire sur la théorie mathématique des phénoménes électrodynamiques（1827）", Sambursky, S. ed., *An Anthology; Physical Thought*（Lodon, 1974）より.
（11）『百科全書』，p. 36.
（12） *Ibid.*, p. 196 f.
（13） 北大図書刊行会,『近代科学の源流─物理学篇（II）』所収.〔「自然法則に関するデカルトおよび他の学者たちの顕著な誤謬についての簡潔な証明」横山雅彦訳『ライプニッツ著作集3 数学・自然学』所収.〕
（14） Leibniz,『形而上学叙説』（清水富雄・飯塚勝久訳, 中央公論社『世界の名著（25）』），p. 403 f.〔『形而上学叙説』西谷裕作訳,『ライプニッツ著作集8 前期哲学』p. 174 f.〕
（15） d'Alembert,『力学論』第2版序文（序文のみ北大図書刊行会, *op. cit.* 所収, 序文の訳文はすべて本書より）.
（16）『百科全書』（『力学』項目），p. 294.
（17） Lagrange, *Mecanique analytique*（注2-32），Tome 1, p. 2.
（18）『マッハ力学』，p. 228.『マッハ力学史 上』p. 381.
（19） Pearson, K., *The Grammer of Science*, 2nd ed.,（1894, Peter Smith, 1969），pp. 350 f.
（20） Whittaker, E. T., *A Treatise on the Analytical Dynamics of Particles and Rigid Bodies*, 4th ed., 1937, p. 29.
（21） Russell, B., *The Principles of Mathematics*, 1903, p. 483.
（22） 近藤洋逸・好並英司,『論理学概論』（岩波書店），p. 253.
（23） Feynman, *The Feynman Lectures on Physics*（注1-26），Vol. 1, §12-1.
（24） Weyl.,『数学と自然科学の哲学』（注9-5），p. 163.
（25） 以上,『プリンキピア』，p. 63 f.

(26) Poincaré, H.,『科学と仮説』(河野伊三郎訳, 岩波文庫), p. 118.
(27)『百科全書』, p. 48.
(28) *Ibid.*, p. 35.
(29) *Ibid.*, p. 37 f.
(30) *Ibid.*, p. 41 f.
(31) *Ibid.*, p. 42.
(32) *Ibid.*, p. 38.
(33) *Ibid.*, p. 127.
(34) 桑原武夫編,『フランス百科全書の研究』(岩波書店), pp. 223, 232より.

第12章

(1) Lagrange, *Mécanique analytique* (注2-32), p. I. なお, 以下本書からの引用はすべて章とパラグラフ番号を付し, ページ数を注記しない (引用にさいしては, 第1部と第2部の各第1章はFierz,『力学の発達史』(注3-9) 巻末付録, 他の部分はSirvus, H. 独訳 (Berlin, 1887) を参照した.)
(2) d'Alembert, *Traite de dynamique* (1746, Gauthier-Villars, 1921), par. 2, ch. 1, p. 81 sq. なお,『百科全書』, pp. 291-293 参照.
(3) Cassirer,『哲学と精密科学』, p. 34 f.
(4) Fermat to Chambre (1 Jan. 1662), 北大図書刊行会,『近代科学の源流—物理学篇 (Ⅲ)』に抄訳あり.
(5) Maupertuis, P. L. M. de, "Essai de cosmologie (1751)", Sambursky ed., *op. cit.* より.
(6)『マッハ力学』, p. 346.〔『マッハ力学史 下』p. 134.〕
(7) Maupertuis, *op. cit.* なお, モーペルチュイの理論については, d'Abro, A., *The Rise of New Physics* (Dover Pub. Inc.), ch. XVIII に詳しい. また, 最小量の原理についてのモーペルチュイのいくつかの論文は, *Leonhardi Euleri Opera Omnia*, Ser. 2, Vol. 5 の巻末に収録されている.
(8) Helmholtz, H. von, 1887年ベルリン・アカデミーでの挨拶. Koenigsberger, L., *Hermann von Helmholtz* (1902, Welby, F. A. 英訳, Dover pub. Inc.), p. 355 より.
(9)『マッハ力学』, p. 416 より.〔『マッハ力学史 下』p. 232より.〕
(10) *Ibid.*, p. 417.〔*Ibid.*, p. 235〕
(11) Whitehead, A. N.,『科学と近代世界』(上田泰治・村上至考訳, 河出書房新社『世界の思想 (16 現代科学思想)』), p. 79.
(12) Bell,『数学をつくった人びと』(注8-3), Ⅱ, p. 60 より.
(13) Stendhal,『アンリ・ブリュラールの生涯』(桑原武夫・生島遼一訳, 岩波文庫), 下 p. 27.
(14) Proust, J.,『百科全書』(平岡昇・市川慎一訳, 岩波書店), p. 10.
(15) Stendhal, *op. cit.*, p. 27.

(16) BRENTANO, F.,『天才・悪』(篠田英雄訳, 岩波文庫), p. 100.

第13章

(1) COHEN ed., *Papers & Letters*, p. 283 f.
(2) *Ibid.*, p. 286 f.
(3) *Ibid.*, p. 298.
(4) *Optics*, p. 402.
(5) ALEXANDER ed., *op. cit.*, p. 22.〔『ライプニッツ著作集 9 後期哲学』p. 281.〕なお, ライプニッツのコンティ宛書簡 (1715) では「ニュートン氏やその追随者たちが, 神はその機械をなんらかの異常な手段で手を加えないかぎり時計がすぐに止まってしまうように粗悪に作ったと信じていることに私は驚かされます」とある (同, p. 185).
(6) PEMBERTON, *A View of Sir Isaac Newton's Philosophy* (注4-22), p. 180 f.
(7) ALEXANDER ed., *op. cit.*, pp. 14, 22 f.,〔前掲書, pp. 268, 281.〕
(8) KANT, I.,『天界の一般自然史と理論』(高峯一愚訳, 理想社『カント全集 (10)』), p. 15 f.
(9) ALEXANDER ed., *op. cit.*, p 20.〔前掲書, p. 278.〕
(10) KANT, *op. cit.*, p. 23.
(11) LAPLACE,『確率についての哲学的試論』(樋口順四郎訳, 中央公論社『世界の名著 (65)』), p. 208.
(12) BERRY, *op. cit.*, pp. 203, 256, WOLF, *A History of Science, Technology and Philosophy in the 16th & 17th Centuries* (注 3-12), Vol. 1, pp. 143 f., 186.
(13) BROUGHAM & ROUTH, *Analytical View of Sir Isaac Newton's Principia* (注4-20), p. 118.
(14) EULER, "Recherches sur la question des inégalités du mouvement de Saturne et du Jupiter (1747)", *Opera*, Ser. 2, Vol. 25.
(15) COHEN ed., *Papers & Letters*, p. 454.
(16) EULER, "Recherches sur la mouvement des corps célestes en général (1747)", *Opera*, Ser. 2, Vol. 25.
(17) LAPLACE, *Exposition du système du monde*, Fayard, 1984, p. 254.
(18) 標準的な導き方は松隈健彦,『天体力学』(『岩波講座・物理学 (XIII. B)』), 第4章等参照.〔山本義隆・中村孔一『解析力学 I』§9.2〕
(19) LAPLACE, 英訳 *Celestial Mechanics* (注3-8), Vol. 1, pp. 572-583.
(20) BREWSTER, *Memoirs of the Life, Writings and Discoveries of Sir Isaac Newton.* (注3-15), Vol. 1, p. 358.
(21) LAPLACE, *Celestial Mechanics*, Vol. 3, p. 2. なお,『確率についての哲学的試論』, p. 200 参照.
(22) GROSSER, M., *The Discovery of Neptune* (1962, Dover Pub. Inc., 1978), pp. 100, 119.

第14章

（1）『マッハ力学』，p. 422.〔『マッハ力学史 下』p. 241 f.〕

（2） MACH, E.,『感覚の分析』（廣松渉・須藤吾之助訳），『認識の分析』（廣松渉・加藤尚武訳），『時間と空間』（野家啓一訳，いずれも法政大学出版局）等参照.

（3）『マッハ力学』，p. 453.〔『マッハ力学史 下』p. 281.〕

（4）『百科全書』，p. 45.

（5）『デカルト著作集（Ⅰ）』（白水社），p. 26.

（6） WEIZSÄCKER, C. F. VON,『自然の統一』（斎藤義一・河井徳治訳，法政大学出版局），p. 141.

（7） 広重徹，“エーテル問題・力学的世界観・相対性理論の起源”（西尾成子編，中央公論社『アインシュタイン研究』），p. 247.

（8） LAPLACE,『確率についての哲学的試論』，p. 166.

（9） KNIGHT, D. M., *Atoms and Elements: A Study of Theories of Matter in England in the 19th Century*（Hutchinson of London, 1967），p.22.

（10） LAPLACE, *Systéme du Munde*, KNIGHT, *ibid.* より．なお，*Celestial Mechanics*, Vol. 7, ch. 1 参照.

（11） FOURIER, J., *op. cit.*（注11-9），p. 1.

（12） SAINT-SIMON, H. DE,『ジュネーヴ人への手紙・他三篇』（大塚幸男訳，日本評論社『世界古典文庫（34）』），p. 90. FOURIER, C.,『産業的協同社会的新世界』（田中正人訳，中央公論社『世界の名著（続8）』），p. 469.

（13） LAPLACE,『確率についての哲学的試論』，p. 164.

（14） DU BOIS-REYMOND, E.,『自然認識の限界について・宇宙の七つの謎』（坂田徳男訳，岩波文庫），p. 28 f.

（15） PLANCK, M.,『力学的自然観に対する近代物理学の立場』（石原純訳，春秋社『世界大思想全集（48）』），p. 31.

（16） LAGRANGE, *op. cit.*, Tome 1, p. 225.

（17） OSTWALD, W.,『エネルギー』（山懸春次訳，岩波文庫），および北大図書刊行会，『近代科学の源流―物理学篇（Ⅱ）』に全文訳出されている．引用は前者訳より.

（18） THOMPSON, S., *The Life of Lord Kelvin*, 2nd ed.（Chelsea Pub. Co., 1976），pp. 266 ff., GRAY, A., *Load Kelvin*（1908, Chelsea Pub. Co., 1973），pp. 99 ff. 参照.

（19） RUMFORD, G. VON, “熱の運動説の実証（1798）”（『近代科学の源流―物理学篇（Ⅱ）』），p. 136.

（20） LINDSAY, R. B., *Julius Robert Mayer: Prophet of Energy*（Pergamon Press, 1973），p. 28 参照．なお，マッハはこのマイヤーの議論を「形式への欲求」に導かれてのものだと評している．MACH,『熱学の諸原理』（高田誠二訳，東海大学出版会），p. 248.

（21） MAYER to GRIESINGER（6 Dec. 1842），HELL, B., *Julius Robert Mayer und*

das Gesetz von der Erhaltung der Energie（Stuttgart, 1925）, S. 30より．
（22） KOENIGSBERGER, *op. cit.*（注12-8）, p. 46.
（23） ENGELS, F.,『マルクス・エンゲルス全集（4）』（大月書店）, pp. 514, 518.
（24） KOENIGSBERGER, *op. cit.*, pp. 127 f.
（25） *Ibid.*, p. 30.
（26） *Ibid.*, pp. 64 ff.
（27） *Ibid.*, p. 38.
（28） HELMHOLTZ,『力の保存についての物理学的考察』（高林武彦訳, 中央公論社『世界の名著（65）現代の科学 II』）, p. 235.
（29） *Ibid.*, p. 236.
（30） BOLTZMANN, L., *Lecture on Gas Theory*（1896, 1898, BRUSH, S. G. 英訳, Univ. of Calif. Press, 1964）, Vol. 1, §1.
（31） HELMHOLTZ, *op, cit.*, p. 236.
（32） DU BOIS-REYMOND, *op. cit.*, pp. 19 f., 60.
（33） *Ibid.*, p. 37.
（34） *Ibid.*, p. 91.
（35） デュ・ボア＝レーモンについて詳しくは LANGE, *op. cit.*, Bd. II, S. 114 ff. 参照.
（36） HELMHOLTZ, *op. cit.*, p. 233.
（37） *Ibid.*, p. 251.
（38） HELMHOLTZ, "On the Application of the Law of the Conservation of Force to Organic Nature（1861）", SAMBURSKY ed., *op. cit.* より．また, KOENIGSBERGER, *op. cit.*, p. 199 参照.
（39） PLANCK,『エネルギー恒存の原理』（石原純訳, 春秋社『世界大思想全集（48）』）, p. 44.
（40） OSTWALD, *op. cit.*, p.130. また pp. 86, 140 参照.
（41） 杉山滋郎, "19 世紀末の原子論論争と力学的自然観"（岩波書店『科学史研究』, 第 16 巻, No.123, 124）参照.
（42） OSTWALD, *op. cit.*, p. 123 f. また pp. 87, 174 参照.
（43） OSTWALD, *Vorlesungen über Naturphilosophie*（Leipzig, 1902）, S. 159 f.
（44） OSTWALD,『エネルギー』, pp. 165 f.
（45） DUHEM, P., *Die Wandlungen der Mechanik*（1903, FRANK, P. 独訳, Leipzig, 1912）, S. 195, 337.
（46） POINCARÉ,『科学者と詩人』（平林初之輔訳, 岩波文庫）, p. 86 f.
（47） BOLTZMANN, L., *Abhandlungen*（Chelsea Pub. Co.）, Bd. I, S. 238.
（48） BOLTZMANN, L., *Populäre Schriften*（BRODA, E. 編, Vieweg & Sohn, 1979）, S. 81. 引用は, 邦訳（河辺六男訳, 中央公論社『世界の名著（65）現代の科学 II』）p. 426より．
（49） *Ibid.*, S. 80, 邦訳, p. 425 f.

(50) *Ibid.*, S. 126, 邦訳, p. 451 f.
(51) *Ibid.*, SS. 29, 175. BRODA,『ボルツマン』(市井三郎・恒藤敏彦訳, みすず書房), p. 153 参照.
(52) *Ibid.*, S. 69.
(53) JAMMER,『力の概念』, pp. 220 ff. 参照.
(54) BOLTZMANN, L., *Populäre Schriften*, S. 149, 河辺六男訳, p. 475.

第15章

(1) EINSTEIN, A., "物理的実在観の発展に対するマックスウェルの影響" (共立出版『アインシュタイン選集 (3)』), p. 329.
(2) SHARLIN, H. I., *Lord Kelvin: The Dynamic Victorian* (Pennsylvania State Univ. Press, 1979), p. 238.
(3) 近藤洋逸, "ケルヴィン卿と地球の年令——19世紀科学思想史の一断面" (岩波書店『思想』, 1977. 6) より.
(4) MACDONALD, D. K. C.,『ファラデー, マックスウェル, ケルヴィン』(原島鮮訳, 河出書房新社), p. 177.
(5) THOMPSON, S. P., *The Life of Lord Kelvin*, 2nd ed. (Chelsea Pub. Co., 1976), Vol. 1, p. 241. なお, 本書にはこの予備講演の草稿が全文収録されている.
(6) HELMHOLTZ, "自然力の交互作用と, それに関する物理学の最近の業績について" (三好助三郎訳, 河出書房新社『世界大思想全集—社会・宗教・科学思想篇, No.34』), p. 26. なお, 同様の考え方はマイヤーも提唱していた.
(7) 近藤洋逸, 前掲論文および "ケルヴィン卿と放射能——機械論的自然観の挫折" (『思想』, 1978. 1) 参照.
(8) THOMSON, W. & TAIT, P. G., *Treatise on Natural Philosophy* 2nd ed. (1896, Cambridge), Vol. 1, §385, p. 446.
(9) THOMPSON, *op. cit.*, Vol. 2, p. 830.
(10) *Ibid.*, p. 1015.
(11) このヘルムホルツの論文のテイトによる英訳は, ABBE, C., ed., *The Mechanics of the Earth's, Atmosphere* (Smithonian Institution, 1891) に, また邦訳はトムソンの "On Vortex Atom" の訳とともに,『東北帝国大学蔵版, 科学名著集 (三)』(大正3年) にあり.
(12) THOMPSON, *op. cit.*, Vol. 1, p. 514. なお, この相当長文の手紙は本書に全文収録されている.
(13) *Ibid.*, Vol. 2, pp. 743 f., 1031.
(14) *Ibid.*, p. 1034.
(15) *Ibid.*, p. 1047, n. 1.
(16) MAXWELL, J. C., "Atom", *The Scientific Papers*, Vol. 2, p. 472. 邦訳は, 中央公論社『世界の名著 (65) 現代の科学 II』井上健訳, P. 338.
(17) SHARLIN, *op. cit.*, p. 160より.

(18) Faraday, M., *Experimental Researches in Electricity*（*The Great Books of the Western World*, No. 45 所収）．以下，本書からの引用は全篇通しのパラグラフ番号を記すことで，ページ数を注記しない．
(19) Maxwell, "A Historical Survey of Theories on Action at a Distance", *The Scientific Papers*, Vol. 3.
(20) Maxwell, "Faraday", *The Scientific Papers*, Vol. 2, p. 789.
(21) Sharlin, *op. cit.*, p. xi.
(22) Gray, A., *Lord Kelvin*（1908, Chelsea Pub. Co., 1973), p. 19.
(23) Sharlin, *op, cit.*, p. 34 より．
(24) Thompson, *op. cit.*, Vol. 1, pp. 159, 197.
(25) Maxwell, *The Scientific Papers*, Vol. 1, p. 209.
(26) Maxwell, *A Treatise on Electricity & Magnetism*（1891, Dover Pub. Inc., 1954), Vol. 1, pp. viii.
(27) Campbell, L. & Garnett, W., *The Life of James Clerk Maxwell*（1882, Johnson Reprint Co., 1969), p. 514. Gray, *op. cit.*, p. 77. なお，マックスウェル自身がトムソンの『電磁気学論文集』への書評でのべた次の証言は，興味深い．「電磁気学の現状況についての適切な観念を得るためには，W. トムソン卿のこの諸論文を学習すべきである．たしかに主要にドイツ人によって，解析的計算においても実験的研究においても，これらの〔トムソンの〕論文で展開されているのとは独立な，少なくとも異なった方法で，多くのすぐれた仕事がなされている．しかし，科学の利得を研究の過程で発展させられ，しかも以前の思考を将来の探究において利用できる形で保存しているアイデアの価値と数とによって測定するならば，われわれは電磁気学へのW. トムソン卿の寄与を最上級のものと考えなければならない．」（Maxwell, *The Scientific Papers*, Vol. 2, p. 301).
(28) Thompson, *op. cit.*, Vol. 1, p. 198.
(29) *Ibid.*, p. 203.
(30) Sharlin, *op. cit.*, p. 104 より．
(31) Thompson, *op. cit.*, Vol. 2, p. 1019.
(32) *Ibid.*, p. 884 f.
(33) *Ibid.*, p. 1062 f.
(34) *Ibid.*, p. 1065.
(35) *Ibid.*, p. 984. なお，この挨拶は本書に全文収録されている．またグレイはこの部分について，「しばしば引用されるこの言明は …… 失敗の告白と受け取るべきではない」として，ケルヴィンの謙遜と解している（Gray, *op. cit.*, p. 315）が，やはり文字通りにとるべきであろう．
(36) Thompson, *op. cit.*, p. 819.
(37) *Ibid.*, p. 1065.
(38) たとえば，ヘルツの実験の翌年（1889年）にオリバー・ロッジの書いた *Modern Views of Electricity* の序文では「物理学者は現在エーテルについて詳しく語っている．その実在は空気の実在と同じように確かなことである．…… エーテルとは何か．これが現時点での物理学の世界での問題なのである」とある．SWENSON, L. S., *Genesis of Relativity*（Burt Franklin & Co., Inc., 1979），p. 103 より．さらに，1891年になっても，ヘビサイドは，「昨今の素晴しい実験上の成果は，電気現象——電気・磁気・電磁気現象——にあずかる原媒質（primary medium）と考えられているエーテルについてのファラデー・マックスウェルの理論の発展における新時代を画した．マックスウェルの理論は，もはや証明されていない蓋然性だらけの机上の理論ではなくなった．電磁波の現実性は，ヘルツやロッジやフィッツジェラルドやトロウトンやJ. J. トムソンその他の実験で完全に実証された」と語っている．HEAVISIDE, O., "On the Force in the Electromagnetic Field (1891)," *Electrical Papers*, Vol. II（1892, Chelsea Pub. Co., 1970），p. 524. また，広重徹，『科学と歴史』（みすず書房），第 6 章，および『相対論の形成』（みすず書房），pp. 64, 151 等参照．

(39) 英訳 HERTZ 論文集 *Electric Wave*（注6-37），序．

(40) *Ibid.*, p. 21.

(41) MAXWELL, *The Scientific Papers*. Vol. 1, p. 535. 以下，本論文の引用はパラグラフ番号を記し，ページ数を注記しない．

(42) MAXWELL, *A Treatise*, Vol. 2, p. 435（§786）．

(43) THOMPSON, *op. cit.*, p. 1036, n. 1.

(44) *Ibid.*, p. 819.

(45) *Ibid.*, p. 835.

(46) *Ibid.*, p. 1058 f.

後　記

本書は，『BASIC 数学』（現『現代数学』）誌上に，1977 年の 9 月号から翌年の 8 月号まで一年間にわたって連載したものを土台に加筆訂正したものです．もっとも，連載したものに較べて，分量も内容も大幅に増やされ手直しされてはいますが．連載をはじめたきっかけは，相当偶然的で外発的なものでした．連載は大学教養課程の学生諸君のための物理学という風に性格づけされていたのですが，その第 1 回目の導入部のところに，わたくしは次のようなことを書きました．

想うに，ニュートン以降の俊才たち，ラグランジュやオイラーやラプラスたちは，なにも「おもちゃのコマ」を理解するために力学を発展させたのでもないだろうし，「きれいに解ける問題」を発見するために奮闘したのでもあるまい．かといって，電場と磁場の中での荷電粒子の運動という 20 世紀的問題を予科していたのでももちろんない．

自然の因果的・数学的法則性という特殊近代的信念を拠り所に，力学と数学という武器を手にした彼らは，「世界」を自分の手でつかみとることに情熱をもって，アルゴリズムを編み出し計算に取り組んだはずなのだ．それはきわめて現実感と緊張感のあふれる作業であっただろう．そこで彼らの捉えようとした「世界」とは何であったのか．相対論や量子力学をすでに知った私たちが，「ニュートン力学の適用範囲」の一言ですましている 18・19 世紀物理学の「世界」を多少なりとも復元することによって，力学の「現実感」を捉えることができるのではないのか．それはまた力学の〈歴史性〉を知ることでもある．

ニュートンが『プリンキピア』を世に問うて，地球・月あるいは木星の衛星の運行を解いてみせたのは1687年であった——もっともニュートン自身はその20年前にこのアイデアに達していたという．それから丸々1世紀の後，1788年に『解析力学』を出してニュートンの方程式を美事に洗練したラグランジュは，こう語っている．「ニュートンはこれまで存在した中で最も偉大な天才であり，しかも最も幸運に恵まれていた．というのも，私たちが世界の体系を発見できるのはたった一回きりのことなのだ．」

本音がニュートンの天才を持ち上げているのか，それともポスト・ニュートンに生まれた我が身をぼやいているのか，その辺のところはよくわからないけれども，ともかくもラグランジュにとって「世界」は「ニュートン力学が扱う世界」であり，地球や月や太陽系の世界であった．そしてこれは18世紀の物理学者を支配した世界でもある．オイラーがオイラー方程式をたてたのは，地球の歳差（春分点移動）と章動の問題を解くためであり，ラプラスによるポテンシャル論も地球の形状の問題がからんでいる．フランス革命期に地球の大きさに即して長さの単位「メートル」が作られたことが，この当時の物理学的「世界」を象徴しているといえよう．

それにしてもラグランジュの何たる非歴史的ニュートン観か！　ラグランジュからさらに2世紀，せめて私たちはニュートン的世界を歴史的に見る術を心得てもよい．（しかし，以下は「力学史」ではなくあくまで「歴史的に見た力学」の説明である．）

引用が途中からなので少々わかりにくいかもしれませんが，現今の学生向けの力学の教科書が，現代物理学の学習や研究のために必要とされる概念装置とテクニックの修得を目的とし，そのため整然と完備されたかに見える理論と定形化され一義的に解の得られる問題のみを扱っていることにたいする，ささやかな批判のつもりで書いたものです.

この点では，トーマス・クーンの次のような指摘——「科学の授業では，たいてい，大学院の学生にさえも，学生向きに特に書かれたものしか読むことを勧めない.……科学者の教育の最後の段階まで，独創的な科学文献の代わりに教科書が系統的に与えられている．この教育技術はパラダイムがあるから可能なのである．そのパラダイムへの信頼を教え込まれ，それを変えようと志す科学者はほとんどいない．……この型の教育法を特に弁護しようと思わなくても，その持つ有効性は認めざるを得ない．もちろんこれは，おそらく正統神学を除いては，他のいかなるものよりも狭い型にはまった教育である.」(『科学革命の構造』)——に，わたくしは実感をもって頷くことができます.

そして，連載の最後にあたって，あらためて次のような後記を書きました.

三回ぐらいの予定が一年にもなってしまいました.

通常の物理の教科書は，古典力学を現代物理学への入門と位置づけて議論を展開し，テーマを選択しています．専門の学者は自分にひきよせて他人を見がちですが，しかし教養課程で力学を学習する諸君の大部分は，なにも物理学者になるために勉強しているわけではありません．とすれば，古典力学の別様の語り方もあるはずです.

私は，古典力学が西欧近代でいかなる世界を発見し，いかなる世界像を作り出したのかを明らかにしようとして書きました．もちろんその意図が充分に実現されたとは思ってませんが，ともあれそのような力学の学び方もあってしかるべきだと思います．

また，採り上げた地球の形状や歳差運動の問題や太陽系の安定の証明は，物理学史では重要なテーマですが，歴史書にはキチンとした理論が書かれていません．他方，天文学の教科書などでは高級に書かれていて，初学者にはむつかしいようです．だから私は，既存の教科書になるべく頼らず初等的に説明するよう努めました．

いずれにせよ，いま読み返せば意に満たぬ処も少なくありませんが，ひとまず終わります（1978.6.4）．

要するに，完成された体系としての力学理論ではなく，歴史形象としての，時代の世界観としての，古典力学を書きたかったということです．

連載終了時から半年ほどしてからはじめて全体を客観的に通読し，話としては面白いと思う反面，あやふやなところはもとより，間違いじゃないかと思われるところも少なからず散見され，正直，顔の赤らむ想いでした．このままじゃどうにもバツが悪いと思っているところに現代数学社の編集部より，全面的に書き直して単行本にしないかとの話があり，予想されるその作業の膨大さに相当の躊躇もあったのですが，少なくとも間違いだけは訂正する機会と思い，引き受けることにしました．しかし，書き直しの作業は当初思った以上に大変なものでした．

書き始めたのが79年の3月で，一応の原稿が仕上がるまでに一年半かかっています．もともと筆の遅いたちですが，時間のかかった理由の大半は，できるかぎり原典に当り，また，研究書にも目を通そうとしたからです．しかもその作業は，おおむね，勤務のあい間をぬって国会図書館に通うという能率の悪いものでした．なにしろ文献を探すのが大変で，国会図書館か都立中央図書館で探すか，さもなければ自腹を切って購入するか知人から借りるしかなく，それでも見ることのできなかったものについては，残念ながらあきらめざるをえませんでした．なお，この途中で「共同利用研究所」と称される東京大学物性研究所に図書の閲覧を申し込んだのですが，よくわからない理由で拒否されたことは，やはり記しておきたく思います．

文献を読み進む過程で最も印象に残ったことは，〈重力〉が，ニュートンとその後のフランス啓蒙主義とでは，まったく異なった関係性のなかで捉えられていること，そしてその関係性の転換のなかで多くの設問が却下されていったということです．科学理論の「完成」とは，そういう風な多くの設問の捨象によってなしとげられるものなのでしょうか．なお，諸文献を読む作業にあたって，ラテン語とフランス語については，畏友，R．N．氏およびT．T．氏（引用された訳文の最終責任は筆者にありますので，本名を出すのは御迷惑かとも思い，イニシアルで失礼させていただきました）にお世話になりました．この場でお礼申し上げます．

原稿が出来上ってから校正終了まで，これまた一年もかかりましたが，それもわたくしが後から大幅に加筆訂正したためであります．それでもようやくここまでこぎつけて，ホッとしています．学生諸君向けの読みものくらいのつもりで書き始めたのではありますが，出来上がったものをながめていま一番気懸りなことは，連載がいわば「読み切り連載」に近いものであったため，書き直してもそのスタイルが尾を引き，重複や脱線がどうしても残ってしまい，そのため読みづらいところもあるのではないかということです．もともと単行本にすることなど考えてもいなかったのだから仕方がないことだと，自分に言い聞かせてはいますが，読者の皆様の御海容を俟つ次第です．

連載をはじめてから今日までで，四年余りになります．その間，現代数学社の古宮修・富田栄両氏には大変お世話になり，筆者の無理もよく聞いて下さいました．私事ながら，あらためて両氏に感謝いたします．

1981年7月

山本義隆

文庫版へのあとがき

1981年に現代数学社から出してもらった拙著『重力と力学的世界——古典としての古典力学』が、40年ぶりにちくま学芸文庫から出してもらえることになりました。

私はこの40年間、予備校で物理を教えながら、一方では物理学の教科書を、他方では科学思想史のような書物を何冊か書いてきたのですが、その双方の出発点にあたる書物です。

再版が打診されたとき、正直、ためらいも若干ありました。というのも、この40年間、自分でもいろいろ学んできたのであり、その現在の視点からすれば、40年も前の書物に、誤りとまでは言わないまでも不十分な説明や未熟な記述、あるいは意に満たないところがあるのではないかと思われたからです。そんなわけであらためて全編読み直してみました。自分で書いた書物でも、40年も経つと忘れていたこともあり、初めて読むように新鮮な感じのところもあり、自分で言うのも厚かましい話ですが、正直なところ結構引き込まれました。たしかに現在読むと書き足りない部分や、今ならすこし違った風に書くだろうと思った記述もなかったわけではありませんが、特に大きく外しているところもなく、むしろ、粗削りにせよ勢いがあったので、それに40年を経た現在でも、管見の及ぶかぎりで類書は出ていないようなので、再版の申し出をありがたく受諾した次第です。

いずれにせよ、書物が簡単に消費されてゆくこの時代にあって、40 年前の書物が再版してもらえるというのは、書物にとってこの上なく幸せなことであり、もちろん著者にとってもきわめてありがたいことなのです。

本書の軸は、ひとつにはケプラーに始まり最終的にニュートンの力学が解き明かした世界の体系の根幹に位置する重力概念すなわち遠隔力としての万有引力が、じつは17 世紀の新科学としてのデカルトやガリレイの機械論的世界像と相容れなかったという、17 世紀科学革命の最大の背理をめぐってです。その問題は、そもそも物理学の理論や法則はなにを明らかにするものであるのか、についても新しい見方を促すことになりました。そしていまひとつは、その万有引力論がニュートンの力学原理と結合することによって、地球と太陽系の構造と運動、とりわけ地球の形状、そして自転と公転以外の地球の運動をいかに見事に解明したのか、という点にあります。

前者の問題、つまり遠隔力の問題は、物理学の課題を実験と観測によって検証され数学的に表現される法則の確立に限定し、それ以上に事物の本質の探究を目指さない、つまり存在論を放棄するという、近代物理学の自己限定へと発展してゆきます。そして後者の問題は、とくにニュートンが重力論により地球の形状および潮汐現象を理論的に明らかにしたことこそは、デカルト自然学との対決においてニュートン主義に勝利をもたらしたものであり、その後、一方ではオイラーが地球の章動と歳差運動を解明し、他方ではラプラスが太陽系の安定性を証明することで、その頂点を迎えます。こうして力学的世界像が生まれたのですが、それが19世紀に行き詰まることを明らかにして、本書は終わります。

本書が私自身のその後の著作の出発点であったと言いましたが、本書は、現代数学社から出ていた雑誌『現代数学』に1977年9月から1年間連載したものをまとめて書き直したものであって、元々は歴史というよりはどちらかというと物理学（力学）に重点を置いたものでした。単行本化のために加筆する過程で歴史的な記述が増加したのです。その当時の私自身の関心は、一方では力学理論そのものにあったのですが、それと同時に、本書を起点に古典物理学思想の歴史に向かってゆくことになりました。

それにしても、パソコンもワープロもない時代で、全編もちろん手書きであり、今から顧みるとよくやったと思います。やはり若かったのですね。

力学理論について言うならば、その後、『プリンキピア』の記述に厳密に従ったケプラーの法則からのニュートンによる万有引力の導出、それにたいするライプニッツの反応、そしてその後のオイラーやダランベールを経てラグランジュに至るまでの解析力学の発展について、『古典力学の形成——ニュートンからラグランジュへ』（日本評論社1997）にまとめることができました。私は『重力と力学的世界』を書いたことによりケプラーという人物の魅力にとりつかれていったのですが、この『古典力学の形成』はその発展だったのです。そんなわけでニュートンの『プリンキピア（自然哲学の数学的諸原理）』の読みづらい幾何学的記述を読み解くことから始めましたが、そのことでニュートンが実際にやったのは、ケプラーの３法則から逆２乗の法則で表される万有引力を導いたことであり、通常の歴史書に書かれているような、万有引力論にもとづいてケプラーの法則すなわち楕円軌道を導いたのではないということを見出すことができました。

いずれにせよ、文献収集にも相当に力を入れてとりかかり、きっちり原典に当たり、厳密な歴史書として書くことを心がけたので、この『古典力学の形成』は正確な学説史として読むことができると思っています。しかしそれと同時に解析力学の誕生にいたる諸問題を、その理論内容を正確に記述したものとして、解析力学の歴史だけではなく数学的理論内容そのものに関心を有している読者にも、読んでいただけるものと思っています。

こんな風に、その当時、力学については歴史の研究と理論の学習を並行的に進めていました。そんな次第で、解析力学そのものについては、私は、微分形式をもちいたモダンな体裁のものを中村孔一さんと共著の『解析力学Ⅰ』『同Ⅱ』（朝倉書店 1998）に書くことができました。通常の力学書にはあまり書かれていない摂動理論にも深入りし、また主要に中村さんに書いていただいた部分である拘束系の力学にも詳しく、それなりにコンプリヘンシブルな、そしてすくなくとも邦語では類書のないユニークなものだと自負しております。本書『重力と力学的世界』で簡単に触れた惑星運動の摂動論の厳密な理論は、この『解析力学II』に詳しく記しておきました。

ちなみに潮汐の重力理論や地球の形状とその運動、あるいは人工衛星の運動についての摂動論等の個別の問題について詳しくは、江沢洋さん、中村孔一さんと共著の『演習詳解　力学』(初版　東京図書 1984、増補・改定版　日本評論社 2011) にいくつも取り上げておきました。

なお、この『解析力学I・II』を執筆中に、幾何光学がまったく同様に扱えることに気づき、それは2014年に数学書房から『幾何光学の正準理論』として出して頂きました。そこでは幾何光学の解析的理論の記述だけではなく、質点力学と波動力学の関係が幾何光学と波動光学の関係とまったく同様であることから、幾何光学の波動光学化が質点力学の量子化とパラレルに扱えることを示し、さらにファインマンの径路積分による量子化の議論に依拠して、古典力学の最小作用の原理とともに、幾何光学のフェルマーの原理の物理学的意味を明らかにしておきました。正準形式の幾何光学がきちんと書かれている書物は、邦語ではもちろん私の知るかぎりで外国にもなく、これもユニークなものだと自負しています。

さて、もう一方の物理学史・物理学思想史についてですが、この『重力と力学的世界』を書いた後に、やはり雑誌

『現代数学』に熱学思想史を、1982年から3年間の連載ののちに『熱学思想の史的展開――熱とエントロピー』の標題で1987年に現代数学社から上梓することができました。同書は、エントロピー概念の形成にとくに焦点を当てたもので、多くの物理学史に見られるものよりも、物理学の理論内容により立ち入って、より詳しく記述することを心がけました。一筋縄にはいかない熱についての錯綜した理解にも十分に立ち入る形で熱学の発展を辿ると同時に、熱学・熱力学自体の学習にも役立つものにしたいと思っていたからです。

というのも、これまで物理学史には、誰それの何とか理論が発表されました、といったことが書かれていても、その理論内容がきちんと書かれていないものが少なくはなく、読んで面白くなかったという経験があるからです。物理学の歴史の書であっても、あくまでも物理学書として読んでも面白く意味のあるものを書きたいと思っていたのです。そんなわけで、少々大部になりましたが、その目的はある程度は果たせたと自分では思っています。これは、その後に相当に加筆して、2008年に筑摩書房の学芸文庫で三分冊として再版していただきました。

そんなことをしているうちに、私は、そもそも科学史はなんのための学問なのか、ということを考えるようになりました。昔、物理学者の武谷三男氏が、物理学史は物理学の研究を進めるうえで役に立たなければならないという立場から、物理学史の研究の中から物理学理論の発展についてのいわゆる三段階論を提起しました。すべての物理学の理論は「現象論→実体論→本質論」と発展して形成されるというものです。つまりそれは、物理学の研究において、現時点がどの段階にあるかを確認して、今後の方針を決定するのに役立てるためだと言われていたのです。しかし現実の歴史は必ずしもそんな風に発展していないこと、そもそも科学理論の時代を超越した発展法則のようなものは存在しようがないことは、今では判明しています。

物理学的な自然の理解といえども、その概念構造や問題設定の視点は、そのときそのときの社会的な関係に拘束されている、つまり生産における自然との交流の仕方を反映しているので、おなじ言葉でも時代が異なれば意味も違うのです。だからそういった時代的・社会的制約を超越した科学研究の本来のあり方といったものは、語りようがないのです。物理学の現在の到達地点と現在の理解から過去の諸説をとらえ、現在につながる径路のみに光を当てて、そこに科学の発展の法則性を読み取るというような歴史観は、いまでは退けられています。人は自然をも歴史的・社会的に形成された見方で見ているのです。

こんな風に考えて私が設定した問題は、なぜ近代科学は西欧近代において生まれたのか、という問題だったのです。先述の 1997 年の『古典力学の形成』の「あとがき」冒頭に私は書きました。

現在では世界を制覇するまでになった近代の科学技術が、なぜ西洋近代にのみ発展したのかは、科学史・技術史のつきせぬ謎である。というか、科学史とか技術史という学問は，要はこの問題の解決のためにこそ存在しているのであろう。

そしてこういう問題意識から新たに始めた私の科学思想史の研究は、文献の収集から解読、そして執筆にほぼ20年間を要したつぎの一連の書物において、一応の完結を見たと自分では考えております。すなわち、

『磁力と重力の発見』全3冊　みすず書房　2003
『一六世紀文化革命』全2冊　みすず書房　2007
『世界の見方の転換』全3冊　みすず書房　2014
『小数と対数の発見』全1冊　日本評論社　2018

『磁力と重力の発見』『一六世紀文化革命』『世界の見方の転換』はすべて書き下ろしですが、『小数と対数の発見』は、もともとは『世界の見方の転換』に含めるつもりでいたのですが、大部になりすぎるので削ったものを、後で加筆して雑誌『数学文化』に連載しまとめたものです。

先に私はケプラーの魅力にとりつかれたと言いましたが、『磁力と重力の発見』は、私が『重力と力学的世界』で最初にとりあげたケプラーによる惑星間重力の発見を、あらためて西欧思想史に位置付けようしたものです。その意味では、出発点としての本書『重力と力学的世界』の問題意識の継承であり、それと同時に、それまで科学史の空

白地帯になっていたヨーロッパ中世における力概念の発展を、哲学や宗教においてのみならず技術そしてさらに魔術や占星術の面においても追跡したもので、その点ではそれなりに評価されてきました。

なお『磁力と重力の発見』『一六世紀文化革命』はすでに韓国語版が出版されていて、『世界の見方の転換』も三分冊にわけて韓国語版が出版されつつあります。さらに『磁力と重力の発見』の英語版は、*The Pull of History: Human Understanding of Magnetism and Gravity through the Ages* の標題で、World Scientific 社から 2018 年に出版されています。

なぜ近代科学が西欧近代に生まれたのかという問いにたいする、この３＋１部、全９冊の著作での答は、簡単にまとめてここで表現できるというものではないのですが、『世界の見方の転換』の「あとがき」の一部および後に『小数と対数の発見』について書いた一文にそれなりにまとまっているので、すこし長くなりますがその一部をここに再録して、その回答に代えたいと思います。

第一部に相当する『磁力と重力の発見』では、遠隔力の発見と承認こそが近代物理学のキー概念であるとの理解にたって、それがどのように一七世紀に物理学のなかに市民権を獲得していたのかを跡づけました。近代の宇宙像は、最終的には、ニュートンが遠隔力としての万有引力を、機械論哲学の主張者やアリストテレス主義者の反対を押し切って、たんなる数学的関数として天文学の中心に据えることでできあがったと言えます。古代以来のアリストテレス自然学からも近代のデカルトやガリレオの機械論哲学からも忌避され、むしろ磁力によって例証される〈反感〉と〈共感〉という魔術的観念として了解されてきた遠隔力概念は、地球が巨大な磁石であるというギルバートの発見に触発されたケプラーにより、天体間に働く力として措定され、こうしてニュートンの出現を準備することになりました。……

第二部に相当する『一六世紀文化革命』では、一六世紀になって職人や商人が、エリート聖職者や大学アカデミズムによる文字文化の独占に風穴をあけるかたちで、自分たちが生産実践や流通過程で開発し習得してきた技術や知識をおおやけに語り始めた、知の世界における地殻変動の存在を明らかにしました。……

古代ギリシャの学芸を〔西欧社会が〕一二世紀に再発見して以降、ローマ教会およびその息のかかった大学では、職人たちの手作業を高尚な頭脳労働の対極にある卑しむべき技術として軽蔑し、そしてまた商人たちの計算技術をずる賢く不道徳な金勘定の手管として忌避し、もっぱら定義と論証にもとづく言葉の学問としてのスコラ学が教育されてきました。それにたいして、職人や商人たちのこの自己主張は、手作業にもとづく観察と測定そして数量的な把握と記述をとおして自然や事物と交流することこそが、自然と世界の理解にとってより有効であることを訴えるものでした。

そして第三部にあたる本書〔『世界の見方の転換』〕では、大学教育を受けてはいるものの、道具を用いた精密な観測と込み入った計算を主要な手段として天体観測や地図製作に携わり、自身も手仕事やフィールド作業に従事し、職人たちと協力して観測機器の設計や製作に手をだし、さらには印刷出版にも乗りだす数学的実務家が登場し、天文学と地理学の変革、ひいては、古代以来の宇宙像と地球像に転換を迫ってゆく過程を明らかにしました。中部ヨーロッパの人文主義と宗教改革を背景として、脱アカデミズム化した知識人により担われたその過程は、職人や商人たちの一六世紀文化過程を知識人の側から補完するものと言えます。……

コペルニクスにいたるまで、大学アカデミズムの内部では、惑星の運動の数学的法則を求める技術的な観測天文学は、事物の自然本性から因果的に世界を説明する哲学的な自然学的宇宙像の下位に置かれていたのですが、一六世紀をとおしての天文学の発展は、その学問的ヒエラルキーを転倒させることになりました、つまり、惑星や彗星の定量的観測の結果が、それまでの天上世界と地上世界を別世界とするアリストテレス以来の宇宙像の根幹に直接的に対立することになり、こうしてそれまでの自然観の廃棄をせまったのです。……

この時代の天文学の発展は、ひろくは、自然学の目的を事物の本質の究明から数学的法則の確立に転換し、せまくは、とりわけケプラーによって力概念にもとづく物理学としての天文学すなわち天体力学という新しい学問領域を創りだしました。一七世紀後半のニュートンによる力学原理と万有引力論にもとづく世界の体系の数学的解明はその延長線上にあります。

以上が、近代科学誕生の前提なのです。

そして私は昨年、小著『小数と対数の発見』に触れて、日本数学会刊行の『数学通信』(第25巻第2号、2020年8月)に小文を寄稿しましたが、そこに次のように書きました。

私は予備校で物理学を教えるかたわら、科学思想史のようなものに首を突っ込んできました。そしてある時、近代科学は何故そして如何に西欧に生まれたのかという問いこそが科学史の基本問題であることに思い至り、以来、その問題に取り組んできました。……

古代以来、宇宙についての学には、論証の学である哲学としての宇宙論の他に観測天文学が存在していました。アリストテレス宇宙論とプトレマイオス天文学です。両者はよくひとまとめに語られますが、実は別のものです。この古代天文学は、主要には占星術のためのものではあれ、現代から見れば定量的な観測にもとづく仮説検証型の学問として、哲学的宇宙論より優れていると思われます。しかし当時は、絶対確実と思われ第一原理から間違うことのない論証によって展開される哲学的自然学としての宇宙論こそが真理であるとして上位に置かれ、人為的で過ちの避けられない観測にもとづき事物の本性にふれることのない数学に依拠した技術的天文学は下位に置かれていたのです。

近代科学は、この序列を転倒することで生まれました。古代宇宙論の誤りを明らかにし太陽中心の世界像へと至る近代天文学の発展は、観測と計算にもとづく天文学が上位に置かれてゆく過程、つまり学的序列の下刻上だったのです。そしてこの過程で、本来的に連続量である観測量の扱いのための数学が、もっぱら自然数に依拠する形而上学的な数論より重視されるに至ったのです。

こうして数直線上の点で表される実数の発見から、連続量としての実数を任意の精度で近似し得る小数の形成、それにもとづく対数の創出への発展し、ここに近代科学にとって不可欠な解析学誕生への基盤が生まれたのです。……

これ以上詳しくは、上記の３＋１部を直接読んでいただければありがたく思います。

そして現在、10年前の東京電力福島第一原発全４基の爆発・崩壊と2020年春以来いまだに終息の気配をみせない新型コロナ・ウィルスによる感染症COVID-19の世界的大流行すなわちパンデミックという、いずれもが世界史的出来事に直面して、近代科学技術そのもの、とりわけ日本におけるその在り方に対する批判的考察に力をいれております。それは1968年の東大闘争以来の私の問題意識の発展でもあります。

現在、地球の気候変動・海洋汚染は危機的な状態に近づきつつあると言われていますが、そのことは、20世紀のとくに欧米諸国と日本の資本主義経済によって推進されてきた、地下資源のあくなき収奪と化石エネルギーの大量使用にもとづく重化学工業を基軸とする石油化学文明が、地球のキャパシティーを超える事態にまで進んでいるということの現われでしょう。

先に17世紀以来の力学は地球の形状や運動を解明することを目的としていたと述べましたが、19世紀の熱学についても『熱学思想の史的展開』の1986年の「あとがき」に私はつぎのように書きました。

18・19世紀の熱学は、20世紀のミクロ物理学への発展・統合を意図して形成されたのではけっしてない。それは、人類史上初めて全世界的規模での活動を実現した近代西欧社会が、みずからの活動の舞台でありまた生活環境としての地球を理解するためのものとして産み出したもの……であった。……エネルギーと資源の消費（浪費）とその結果としての環境汚染がきわめて重大で危機的な問題となっている20世紀後半の高度工業化社会において、人類の生存条件を維持するための、その唯一の生活環境としての地球を理解する理論として、あたためて熱学――なかんずく、それが19世紀に持っていた意義が――見直されている。

問題はすでに何年も前から指摘されていたのです。

日本では、明治期の「文明開化・殖産興業・富国強兵」にはじまり、近代化の達成とともに列強主義ナショナリズムにとりつかれて戦前昭和期の総力戦体制ですすめられた「高度国防国家の建設」が1945年の敗戦で破綻を迎えました。しかし戦後、侵略戦争への十分な反省を行うことなくあらためて大国主義ナショナリズムに突き動かされて「技術立国・経済成長・国際競争」をスローガンとして、官民あげて重化学工業を基軸とする経済成長を追求してきたのです。そしてその挙句に、東京電力福島第一原発における世界最大・最悪の原発事故を引き起こしたのです。それは戦後総力戦体制の破綻でした。そんなわけで、現在、それまでの行き方の根底的な見直しが迫られているのです。

戦後、1960年代から70年代初頭にいたるまで、政官財、すなわち政権の座にあった保守政党と中央官庁そして財界よりなる権力ブロックの指導によって日本は「驚異的な高度成長」を遂げたと言われています。しかしその実態は、一方では各地での深刻な公害の発生をともなっていたと同時に、他方で、戦時下の侵略戦争にむけた総力戦体制で育まれた技術者・研究者の存在とともに、軍に協力して拡大した電機産業・自動車産業等の企業とその生産設備が戦後も残されていたこと、戦後の冷戦体制で日本を米国のアジア支配の最前線の兵站基地に位置付けた米国の政策、そして朝鮮特需・ベトナム特需による多額の外資の流入、さらに石油危機まで原油を安く購入出来たという外的事情等の「幸運」が幾重にも重なったことで可能となったのです。端的に、日本の高度成長は戦前・戦後を通じてアジアの人たちが流した血によって支えられていたのです。

そして1990年代以降、もはや高度成長の条件がないところで成長経済を追求した結果としてもたらされたものは、新自由主義という名のもとでの労働者における格差の拡大と貧困化だったのです。

すべてを市場に委ねるという新自由主義は、労働者の貧困をも「自己責任」として、社会的なセーフティネットを削減する方向に動いているのですが、しかし他方では、市場に委ねたらすでに破産しているはずの東京電力のような企業を、三菱重工や日立、東芝といった原発メーカーとともに政府は手厚く保護してきたのです。世界最大の原発事故を引き起こした日本が、あろうことか原発輸出を成長戦略のひとつの柱に据えていたのですが、当然それはすべて破綻しています。そのことは、福島の事故以来、脱原発・再生可能エネルギーの拡大へと舵を切った世界の趨勢に日本が大きくとり残されていることを明らかにしました。

阪神・淡路大震災、東日本大震災、そして福島の原発事故とコロナ禍を経験した現在、これまでの、つねに経済成長を追い求め、核エネルギーまでもちいて重化学工業化を押し進めてきた大量生産・大量消費・大量廃棄にもとづく資本主義経済と科学技術のあり方の全面的な見直しと転換こそが現在求められているのです。

この方面においては、私は、2011年に『福島の原発事故をめぐって——いくつか学び考えたこと』(みすず書房)、2015年には『私の1960年代』(金曜日)、そして明治維新150年の2018年に『近代日本一五〇年——科学技術総力戦体制の破綻』(岩波新書)を各出版社から出して頂きました。現在、その線にそった考察として『リニア中央新幹線をめぐって』を準備しております。みすず書房から春ごろに出版予定です。物理学そのものについて言うと、現在あらためて量子力学を勉強しています。

以上、私的なことをくどくど書き散らかしました。じつは3年前に大病を患って、いつまでも元気でいられるわけではないということを思い知らされたことで、これまでのことをすこしは整理して纏めておきたいという気分もあって、この一文を書いた次第です。今年中に80に手が届く年齢であり、この歳になればこういうことも許されるかと思っています。読者の皆様の御海容を請う次第です。

最後に、本書のちくま学芸文庫での再版を勧めていただき、そして実際に再版の労をとっていただいた筑摩書房の渡辺英明氏に、この場を借りて深く御礼申し上げます。

2021年1月　　山本義隆

人名索引

数字はページ数，括弧内の数字は（章-注番号）を表わす．
訳者名は収録しない． 1－9章は上巻，10-15章は下巻．

ア

サ

タ

ナ

マ

ヤ

ラ

ワ

本書は、一九八一年一〇月、現代数学社より刊行された。文庫化に際して、上・下巻に分冊した。

数学文章作法 推敲編　結城浩

ただ何となく推敲していませんか？　語句の吟味・全体のバランス・レビューなど、文章をより良くするために効果的な方法を、具体的に学びましょう。

数学序説　吉田洋一／赤攝也

数学は嫌いだ、苦手だという人のために。幅広いトピックを歴史に沿って解説。刊行から半世紀以上にわたり読み継がれてきた数学入門のロングセラー。

ルベグ積分入門　吉田洋一

リーマン積分ではなぜいけないのか。反例を示しつつ、ルベグ積分誕生の経緯と基礎理論を丁寧に解説。いまだ古びない往年の名教科書。（赤攝也）

微分積分学　吉田洋一

基本事項から初等関数や多変数の微積分、微分方程式などを、具体例と注意すべき点を挙げ丁寧に叙述。長年読まれ続けてきた大定番の入門書。（赤攝也）

私の微分積分法　吉田耕作

ニュートン流の考え方にならうと微積分はどのように展開される？　対数・指数関数、三角関数から微分方程式、数値計算の話題まで。（俣野博）

力学・場の理論　L・D・ランダウ／E・M・リフシッツ　水戸巌ほか訳

圧倒的に名高い「理論物理学教程」に、ランダウ自身が構想した入門篇があった！　幻の名著「小教程」がいまよみがえる。（山本義隆）

量子力学　L・D・ランダウ／E・M・リフシッツ　好村滋洋／井上健男訳

非相対論的量子力学から相対論的理論までを、簡潔で美しい理論構成で登る入門教科書。大教程2巻をもとに新構想の別版。（江沢洋）

幾何学の基礎をなす仮説について　ベルンハルト・リーマン　菅原正巳訳

相対性理論の着想の源泉となった、リーマンの記念碑的講演。ヘルマン・ワイルの格調高い序文・解説とミンコフスキーの論文「空間と時間」を収録。

新 物理の散歩道 第2集　ロゲルギスト

ゴルフのバックスピンは芝の状態に無関係、昆虫の羽ばたき、コマの不思議、流れ模様など意外な展開と多彩な話題の科学エッセイ。（呉智英）

フィールズ賞で見る現代数学　マイケル・モナスティルスキー　眞野元 訳

「数学のノーベル賞」とも称されるフィールズ賞。その誕生の歴史、および第一回から二〇〇六年までの歴代受賞者の業績を概説。

思想の中の数学的構造　山下正男

レヴィ＝ストロースと群論？　ニーチェやオルテガの遠近法主義、ヘーゲルと解析学、孟子と関数概念……。数学的アプローチによる比較思想史。

熱学思想の史的展開1　山本義隆

熱の正体は？　その物理的特質とは？　『磁力と重力の発見』の著者による壮大な科学史。熱力学入門書としての評価も高い。全面改稿。

熱学思想の史的展開2　山本義隆

熱力学はカルノーの一篇の論文に始まり骨格が完成した。熱素説に立ちつつも、時代に半世紀も先行していた。理論のヒントは水車だったのか？

熱学思想の史的展開3　山本義隆

隠された因子、エントロピーがついにその姿を現わす。そして重要な概念が加速的に連結し熱力学が体系化されていく。格好の入門篇。全3巻完結。

重力と力学的世界（上）　山本義隆

〈重力〉理論完成までの思想的格闘の跡を丹念に辿り、先人の思考の核心に肉薄する壮大な力学史。上巻は、ケプラーからオイラーまでを収録。

数学がわかるということ　山口昌哉

非線形数学の第一線で活躍した著者が〈数学とは〉をしみじみと、〈私の数学〉を楽しげに語る異色の数学入門書。（野崎昭弘）

カオスとフラクタル　山口昌哉

ブラジルで蝶が羽ばたけば、テキサスで竜巻が起こる？　カオスやフラクタルの非線形数学の不思議をさぐる本格的入門書。（合原一幸）

数学文章作法　基礎編　結城浩

レポート・論文・プリント・教科書など、数式まじりの文章を正確で読みやすいものにするには？　『数学ガール』の著者がそのノウハウを伝授！

関数解析　宮寺功

偏微分方程式論などへの応用をもつ関数解析。バナッハ空間論からベクトル値関数、半群の話題まで、その基礎理論を過不足なく丁寧に解説。（新井仁之）

ユークリッドの窓　レナード・ムロディナウ　青木薫訳

平面、球面、歪んだ空間、そして……。幾何学的世界像は今なお変化し続ける。『スタートレック』の脚本家が誘う三千年のタイムトラベルへようこそ。

ファインマンさん　最後の授業　レナード・ムロディナウ　安平文子訳

科学の魅力とは何か？　創造とは、そして死とは？　老境を迎えた大物理学者との会話をもとに書かれた、珠玉のノンフィクション。（山本貴光）

生物学のすすめ　ジョン・メイナード＝スミス　木村武二訳

現代生物学では何が問題になるのか。20世紀生物学に多大な影響を与えた大家が、複雑な生命現象を理解するためのキー・ポイントを易しく解説。

現代の古典解析　森毅

おなじみ一刀斎の秘伝公開！　極限と連続に始まり、指数関数と三角関数を経て、偏微分方程式に至る。見晴らしのきく、読み切り22講義。

ベクトル解析　森毅

1次元線形代数学から多次元へ、1変数の微積分から多変数へ。応用面と異なる、教育的重要性を軸に展開するユニークなベクトル解析のココロ。

対談 数学大明神　森毅　安野光雅

数楽的センスの大饗宴！　読み巧者の数学者と数学ファンの画家が、とめどなく繰り広げる興趣つきぬ数学談義。（河合雅雄・亀井哲治郎）

線型代数　森毅

理工系大学生必須の線型代数を、その生態のイメージと意味のセンスを大事にしつつ、基礎的な概念をひとつひとつユーモアを交え丁寧に説明する。

新版 数学プレイ・マップ　森毅

一刀斎の案内で数の世界を気ままに歩き、勝手に遊ぶ数学エッセイ。「微積分の七不思議」「数学の大いなる流れ」他三篇を増補。（亀井哲治郎）

科学の社会史　古川安

大学、学会、企業、国家などと関わりながら「制度化」の歩みを進めて来た西洋科学。現代に至るまでの約五百年の歴史を概観した定評ある入門書。

πの歴史　ペートル・ベックマン　田尾陽一／清水韶光訳

円周率だけでなく意外なところに顔をだすπ。ユークリッドやアルキメデスによる探究の歴史に始まり、オイラーの発見したπの不思議にいたる。

やさしい微積分　L・S・ポントリャーギン　坂本實訳

微積分の基本概念・計算法を全盲の数学者がイメージ豊かに解説。版を重ねて読み継がれる定番の入門教科書。練習問題・解答付きで独習にも最適。

フラクタル幾何学(上)　B・マンデルブロ　広中平祐監訳

「フラクタルの父」マンデルブロの主著。膨大な資料を基に、地理・天文・生物などあらゆる分野から事例を収集・報告したフラクタル研究の金字塔。

フラクタル幾何学(下)　B・マンデルブロ　広中平祐監訳

「自己相似」が織りなす複雑で美しい構造とは。その数理とフラクタル発見までの歴史を豊富な図版とともに紹介。

数学基礎論　前原昭二　竹内外史

集合をめぐるパラドックス、ゲーデルの不完全性定理からファジー論理、P＝NP問題などのより現代的な話題まで。大家による入門書。（田中一之）

現代数学序説　松坂和夫

『集合・位相入門』などの名教科書で知られる著者による、懇切丁寧な入門書。組合せ論・初等数論を中心に、現代数学の一端に触れる。（荒井秀男）

不思議な数eの物語　E・マオール　伊理由美訳

自然現象や経済活動に頻繁に登場する超越数e。この数の出自と発展の歴史を描いた一冊。ニュートン、オイラー、ベルヌーイ等のエピソードも満載。

工学の歴史　三輪修三

オイラー、モンジュ、フーリエ、コーシーらは数学者であり、同時に工学の課題に方策を授けていた。「ものつくりの科学」の歴史をひもとく。

ゲームの理論と経済行動Ⅰ
（全3巻）
ノイマン／モルゲンシュテルン
銀林／橋本／宮本監訳
阿部／橋本訳

今やさまざまな分野への応用いちじるしい「ゲーム理論」の嚆矢とされる記念碑的著作。第Ⅰ巻はゲームの形式的記述とゼロ和2人ゲームについて。

ゲームの理論と経済行動Ⅱ
ノイマン／モルゲンシュテルン
銀林／橋本／宮本監訳
銀林／下島訳

第Ⅰ巻でのゼロ和2人ゲームの考察を踏まえ、第Ⅱ巻ではプレイヤーが3人以上の場合のゼロ和ゲーム、およびゲームの合成分解について論じる。

ゲームの理論と経済行動Ⅲ
モルゲンシュテルン
銀林／橋本／宮本監訳
銀林／宮本訳

第Ⅲ巻では非ゼロ和ゲームにまで理論を拡張。これまでの数学的結果をもとにいよいよ経済学的解釈を試みる。全3巻完結。（中山幹夫）

計算機と脳
J・フォン・ノイマン
柴田裕之訳

脳の振る舞いを数学で記述することは可能か？ 現代のコンピュータの生みの親でもあるフォン・ノイマン最晩年の考察。新訳。（野崎昭弘）

数理物理学の方法
J・フォン・ノイマン
伊東恵一編訳

多岐にわたるノイマンの業績を展望するための文庫オリジナル編集。本巻は量子力学・統計力学など物理学の重要論文四篇を収録。全篇新訳。

作用素環の数理
J・フォン・ノイマン
長田まりゑ編訳

終戦直後に行われた講演「数学者」と、「作用素環について」Ⅰ〜Ⅳの計五篇を収録。一分野としての作用素環論を確立した記念碑的業績を網羅する。

フンボルト 自然の諸相
アレクサンダー・フォン・フンボルト
木村直司編訳

中南米オリノコ川で見たものとは？ 植生と気候、緯度と地磁気などの関係を初めて認識した、ゲーテ自然学を継ぐ博物・地理学者の探検紀行。

新・自然科学としての言語学
福井直樹

気鋭の文法学者によるチョムスキーの生成文法解説書。文庫化にあたり旧著を大幅に増補改訂し、付録として黒田成幸の論考「数学と生成文法」を収録。

電気にかけた生涯
藤宗寛治

実験・観察にすぐれたファラデー、電磁気学にまとめたマクスウェル、ほかにクーロンやオームなど科学者十二人の列伝を通して電気の歴史をひもとく。

代数的構造　遠山啓

群・環・体など代数の基本概念の構造を、構造主義の歴史をおりまぜつつ、卓抜な比喩とていねいな計算で確かめていく抽象代数学入門。（銀林浩）

現代数学入門　遠山啓

現代数学、恐るるに足らず！　学校数学より日常の感覚の中に集合や構造、関数や群、位相の考え方を探る大人のための入門書。（エッセイ　亀井哲治郎）

代数入門　遠山啓

文字から文字式へ、そして方程式へ。巧みな例示と丁寧な叙述で「方程式とは何か」を説いた最晩年の名著。遠山数学の到達点がここに！　（小林道正）

オイラー博士の素敵な数式　ポール・J・ナーイン　小山信也訳

数学史上最も偉大で美しい式を無限級数の和やフーリエ変換、ディラック関数などの歴史的側面を説明した後、計算式を用い丁寧に解説した入門書。

不完全性定理　野﨑昭弘

事実・推論・証明……。理屈っぽいとケムたがられる話題を、なるほどと納得させながら、ユーモアたっぷりにひもといたゲーデルへの超入門書。

数学的センス　野﨑昭弘

美しい数学とは詩なのです。いまさら数学者にはなれないけれどそれを楽しめたら……。そんな期待に応えてくれる心やさしいエッセイ風数学再入門。

高等学校の確率・統計　黒田孝郎／森毅／小島順／野﨑昭弘ほか

成績の平均や偏差値はおなじみでも、実務の水準とは隔たりが！　基礎からやり直したい人のために伝説の検定教科書を指導書付きで復活。

高等学校の基礎解析　黒田孝郎／森毅／小島順／野﨑昭弘ほか

わかってしまえば日常感覚に近いものながら、数学挫折のきっかけの微分・積分。その基礎を丁寧にひもといた再入門のための検定教科書第2弾！

高等学校の微分・積分　黒田孝郎／森毅／小島順／野﨑昭弘ほか

高校数学のハイライト「微分・積分」！　その入門コース『基礎解析』に続く本格コース。公式暗記の学習からほど遠い、特色ある教科書の文庫化第3弾。

物理学入門　武谷三男

科学とはどんなものか。ギリシャの力学から惑星の運動解明まで、理論変革の跡をひも解いた科学論。三段階論で知られる著者の入門書。（上條隆志）

数は科学の言葉　トビアス・ダンツィク　水谷淳訳

数感覚の芽生えから実数論・無限論の誕生まで、数万年にわたる人類と数の歴史を活写。アインシュタインも絶賛した数学読み物の古典的名著。

常微分方程式　竹之内脩

初学者を対象に基礎理論を学ぶとともに、重要な具体例を取り上げ、それぞれの方程式の解法と解について解説する。練習問題を付した定評ある教科書。

数理のめがね　坪井忠二

物のかぞえかた、勝負の確率といった身近な現象の本質を解き明かす地球物理学の大家による数理エッセイ。後半に「微分方程式雑記帳」を収録する。

一般相対性理論　P・A・M・ディラック　江沢洋訳

一般相対性理論の核心に最短距離で到達すべく、卓抜した数学的記述で簡明直截に書かれた天才ディラックによる入門書。詳細な解説を付す。

幾何学　ルネ・デカルト　原亨吉訳

哲学のみならず数学においても不朽の功績を遺したデカルト。『方法序説』の本論として発表された『幾何学』、初の文庫化！（佐々木力）

不変量と対称性　今井淳／寺尾宏明／中村博昭

変えても変わらない不変量とは？　そしてその意味や用途とは？　ガロア理論や結び目の現代数学に現われる、上級の数学センスをさぐる7講義。

数とは何かそして何であるべきか　リヒャルト・デデキント　渕野昌訳・解説

「数とは何かそして何であるべきか？」「連続性と無理数」の二論文を収録。現代の視点から数学の基礎付けを試みた充実の訳者解説を付す。新訳。

数学的に考える　キース・デブリン　冨永星訳

ビジネスにも有用な数学的思考法とは？　言葉を厳密に使う、量を用いて考える、分析的に考えるといったポイントからとことん丁寧に解説する。

ちくま学芸文庫

重力と力学的世界　古典としての古典力学　下

二〇二一年三月十日　第一刷発行

著　者　山本義隆（やまもと・よしたか）

発行者　喜入冬子

発行所　株式会社　筑摩書房
東京都台東区蔵前二―五―三　〒一一一―八七五五
電話番号　〇三―五六八七―二六〇一（代表）

装幀者　安野光雅

印刷所　大日本法令印刷株式会社

製本所　株式会社積信堂

ISBN978-4-480-51034-1 C0142